小学生心理健康养成记

生命更精彩

聂振伟 吴珂 马美 著

中国农业出版社

北 京

图书在版编目（CIP）数据

生命更精彩/聂振伟，吴珂，马美著．—北京：中国农业出版社，2022.4

（小学生心理健康养成记）

ISBN 978-7-109-29227-7

Ⅰ.①生…　Ⅱ.①聂…②吴…③马…　Ⅲ.①心理健康-健康教育-小学-教学参考资料　Ⅳ.①G444

中国版本图书馆CIP数据核字（2022）第042052号

SHENGMING GENGJINGCAI

中国农业出版社出版

地址：北京市朝阳区麦子店街18号楼

邮编：100125

策划编辑：宁雪莲

责任编辑：全　聪　文字编辑：屈　娟

版式设计：马淑玲　责任校对：吴丽婷　责任印制：王　宏

印刷：北京汇瑞嘉合文化发展有限公司

版次：2022年4月第1版

印次：2022年4月北京第1次印刷

发行：新华书店北京发行所

开本：700mm×1000mm　1/16

印张：10

字数：200千字

定价：39.80元

序言

小读者朋友，当你的目光被这套书精美的封面以及书中图文并茂的故事内容吸引，当你的手翻开这套书的时候，恭喜你长大了!

我们从小就渴望长大，长大就可以自己决定买心仪的玩具或文具，长大就可以自己决定学习的内容和学习的时间安排……

可是，长大也会有烦恼!

在我国第一条中小学生心理帮助热线中，我倾听过青少年朋友许许多多关于"长大烦恼"的求助电话，如学习竞争的压力、师生间的教学矛盾、学生小领袖的"夹板气"、与父母亲子关系的隔膜、思考自己为什么而活着的"小大人"的苦恼、被医生诊断抑郁后的焦虑、离家出走前的呼救……很多成长中的问题迫切需要知心朋友的指导、帮助。

这正是我写此书的初衷：在我有生之年，为正在成长的小朋友们多做一点事情。用我40多年掌握的教育学、心理学知识，30多年做热线志愿者的热情，以及自己心理咨询、督导的经历，培训全国大中小学教师及家长的经验，为学生和家长朋友们解决一点小烦恼。

阅读心理学书籍，能够提供让我们静下心来看世界、深入了解自己的机会。你慢慢地会发现，每个人的性格不同，学习潜力存有差异。怎样做更好的自己，与他人愉快地交流和相处，才是我们生活幸福的源泉，是我们的生命意义!

调整和发展自己的潜能，就是学习，就是生活，需要一生的努力！"小学生心理健康养成记"这套书将会从学习、情绪、交朋友、意志力和生命这几个角度出发，带领你体会和思考如何学习和生活，带给你更多发现自己的新视角。

　　家长朋友，在升学辅导资料充斥图书市场和家庭书架的今天，你能带着不满足于学校所教授孩子的知识、渴望陪伴孩子健康成长的愿望，发现这套适合您与孩子一起阅读、一起成长的书籍，我由衷地为您和孩子高兴。

　　心理健康的终极目标是协助儿童、青少年了解自己、保护自己、理解生命，进而捍卫生命的尊严，激发生命的潜能，提升生命的质量，实现生命的价值。从这个意义上说，心理健康是培养健全人格不可或缺的，是与学科知识并驾齐驱的。它们如同战车的几匹马，都是人生健康成长的动力！

　　在青少年帮助热线中，不少家长朋友倾诉诸多生活中的育儿难事，我在倾听中了解到朋友们渴望提升与孩子沟通的技能。因此，这套书在主动引领孩子提高应对问题的能力的同时，也努力为家长朋友提供亲子交流的契机。

　　教育发展的历史告诉我们：身教重于言教！陪伴孩子学习，一起阅读，一起思考，用生命陪伴的历程写就属于您与孩子的故事，使孩子的智慧无限延展，进而成为孩子终身受益的宝贵财富。同时，帮助您在繁忙的工作之余，静下心来看世界，深入了解自己，觉察我们与孩子的关系、与他人的关系。

　　祝愿家长与孩子一起阅读，一起"共事"，一起分享感受，一起快乐成长！

你们的朋友

北京师范大学心理咨询中心　聂振伟

2022.2.19

目 录 CONTENTS

第一章

我与自然

歌声嘹亮。听，大自然的声音多么美妙！春天有喜鹊报春，夏天有蝉儿打鸣，秋天有风吹树叶，冬天有雪落枝头。还有那溪水潺潺流淌，大海波涛汹涌，人声鼎沸，欢声笑语。我们生活在自然中，其他的动物、植物也生活在自然中，每一个生命都和自然密不可分。你对自然有哪些了解呢？你知道我们是怎么生活在地球上的吗？你了解自然界万物又是怎样影响我们人类发展的吗？让我们一起来探寻这些问题的答案吧！

我们的地球

科学课上，张老师正在上课："同学们，我国的神舟十二号载人飞船将聂海胜、刘伯明、汤洪波三位宇航员送上太空，随后三人成功进入我国空间站天和核心舱。请看2021年7月4日宇航员首次出舱拍摄的地球画面。"

我们生活的地方——地球母亲知多少

　　小朋友，你仔细观察过地球吗？你对地球的了解有多少？请试着回答以下问题后，再查看答案。

　　地球今年多少岁？我猜是_____

　　地球是怎么旋转的？我的描述是_____

　　地球的体积有多大？我的猜测是_____

　　关于地球，哪些问题让你很好奇，请写在下面并尝试着寻找答案。

_____

_____

_____

　　了解了地球后，你有什么感受呢？可以试着跟自己的爸爸妈妈或同学一起查资料或讨论。

答案：

地球现在有 45.5 亿岁。

地球自西向东自转，同时围绕太阳公转。

地球的体积：1.083 2073 × 10^{12} km³。

|时光穿梭机|

　　地球是宇宙中的一颗美丽星球，它为人类的生存提供了充分的资源。但是近年来，地球的环境受到严重的破坏。

　　过去有一段时间，人类为了加快发展的步伐，大量开采资源，使得地球没有充足的时间休养生息，这导致森林、草原减少，不少动物种类灭绝。近年来人类在反思，在相互呼吁、相互提醒、相互监督，为保护地球环境提出很多措施，并付诸行动。

　　比如我国有的地方实行车辆限行，大家都少开车以减少碳排放；有的地方退耕还林，将过度开垦的土地种上了树木，恢复森林原本的模样；还有的地方对垃圾进行分类处理。

　　2019—2020年，澳大利亚发生森林大火，大火持续了4个多月，对约30亿只动物造成不利影响。

2020年2月，东非地区蝗灾肆虐，蝗虫数量之多几十年未见，它们疯狂吞噬粮食。

2020年，菲律宾地区沉睡43年的火山苏醒了，发生了大规模的喷发。整个岛屿几乎完全被火山灰覆盖，火山岛茂密的田野、森林都变成了灰色。

你知道身边有哪些保护地球的举措吗?

我知道"地球一小时活动",
人们以此表达对节能低碳行动的支持。

我爸鼓励我每天骑自行车上学,
这样既能绿色出行,又能锻炼身体。

还有呢？

人类健康与地球健康有着千丝万缕的联系。我们只有一个地球，因此必须保护它。为了这颗美丽的蓝色星球，我们要从点滴小事做起。

想一想：

历史上，地球曾出现过几次物种大灭绝事件？这些事件发生在什么时候，是什么原因，当时发生了什么？你能查找一下相关信息并和身边的朋友们一起探讨吗？

奇妙新视界

　　人类是大自然的产物，像地球上其他生物一样，人体的生物规律与自然的规律有着神奇的内在联系，即自然万物的行为都按一定的周期和规律在运行，这种机制被人们称为"生物钟"，也叫"生物节律"。春去秋来，潮涨潮落；花开花谢，夜去昼来；日出而作，日落而息……所有这些，都是自然和生物的规律。对于人类来说，如果你经常维持固定的作息时间，你的身体就会记住这个时间，这能帮助你在固定的时刻醒来，在固定的时刻感到困倦。

　　自然界的生物钟现象非常有趣，有时还能给人们带来很大帮助。

　　比如最常见的公鸡报晓现象。在没有钟表的年代里，人们就是以公鸡破晓打鸣作为闹钟，早起劳作。据说，南美洲的危地马拉有一种第纳鸟，它每过30分钟就会"叽叽喳喳"地叫上一阵子，每次之间的误差只有15秒，那里的居民就用它们的叫声来推算时间，称之为"鸟钟"。非洲的密林里有一种报时虫，它每过1小时就变

换一种颜色，在那里生活的人会把这种小虫捉回家，根据它的变色来推算时间，称之为"虫钟"。

　　植物中也有类似的例子。昙花的花朵十分美丽，但只在傍晚8～9点才会开放，早晨7点就会闭合，想要一睹昙花美丽的人需要付出十足的耐心；伯利恒之星总在晚上11点左右开花，因此获得了"十一点公主"的美称；还有常见的紫茉莉，它总是在傍晚开始开花，黄昏就能散发出浓郁的香气，等到天亮之前花朵就闭合了。

早在18世纪时，为了研究生物的这种有规律的运转现象，法国天文学家德梅朗把含羞草放在恒定黑暗的环境下。此时，他发现含羞草叶片的活动仍能保持24小时的波动性变化。这是生物节律（生物钟）的最早证据。

　　到了20世纪初，研究人员开始研究人体生物节律或生物周期。德国柏林的医生威廉·弗里斯和奥地利维也纳的心理学家赫乐曼斯·沃博达宣称，人的体力存在着一个从出生之日起，以23天为一周期的"体力盛衰周期"；人的情感和精神状况也存在着一个从出生之日起以28天为一周期的"情绪波动周期"。20年后，奥地利的阿尔弗雷德·特尔切尔教授声称发现了人的智力存在着一个从出生之日起，以33天为一个周期的"智力强弱周期"。后来人们称这3人的发现为"人体生物三节律"。不过，这一发现在后来并没有得到更多的生物学内部机理的证明，也并不为人们广泛认同。

探索的分水岭出现在1971年。美国加州理工学院的本泽和他的学生科罗普卡以果蝇为模型，研究和寻找可以控制果蝇昼夜节律的基因。他们发现，果蝇体内的一个基因产生不同突变后，果蝇本来按部就班的生活规律会变得混乱不堪，昼夜节律的周期要么变短，要么变长，甚至完全消失，导致果蝇成为一个夜游神。这个实验成为人们认识生物内源性节律的一个开端。

1984年，美国波士顿布兰迪斯大学的杰弗里·霍尔和迈克尔·罗斯巴殊团队，以及来自洛克菲勒大学的迈克尔·杨团队，分别逐步通过实验证实了果蝇身体里存在Per蛋白，它的浓度以24小时为周期增加和减少，这个变化与果蝇生活规律变化以及昼夜节律惊人的一致。后来，迈克尔·杨又发现了第二个和第三个节律基因——Tim基因和DBT基因。

1994年，在美国芝加哥北郊西北大学工作的日裔科学家高桥用老鼠做实验，最终比较完整地解释了人和动物的生物节律，并证实Clock基因和蛋白、Per基因和蛋白、Tim基因和蛋白、DBT基因和蛋白这4种基因和蛋白共同作用，形成了动物和人的24小时生物节律。

　　2017年10月2日，诺贝尔奖委员会宣布，由于在"生物节律的分子机制方面"的发现，该年度的诺贝尔生理学或医学奖颁发给美国遗传学家杰弗里·霍尔、迈克尔·罗斯巴殊和迈克尔·杨。

|自我成长屋|

　　自然界的四季更替是一种规律，人们会随着四季更替固定做一些事情。二十四节气歌中有很多关于自然规律的秘密，请你通过自己学习，或者与父母等长辈讨论，来填写不同的节气中自然界会是什么景象，人们会做些什么。看你能写出几个。

二十四节气歌

春雨惊春清谷天，
夏满芒夏暑相连。
秋处露秋寒霜降，
冬雪雪冬小大寒。
每月两节不变更，
最多相差一两天。
上半年来六廿一，
下半年是八廿三。

节气	自然景象	人们的行动和习俗
立春	迎春花开	鞭春牛：提前塑一个泥牛，在牛的肚子里面塞满五谷。在立春日当天，人们用鞭子把泥牛打碎，捡拾落在地上的谷物，然后把谷物放进自家粮仓中，表示来年会仓满粮足

2 人类生命是从哪里来的

人类的生命是从哪里来的呢？人类最早的祖先生活在哪里？

赵明明、林晓爱、何生生三人对此争论不休。

奇妙新视界

达尔文曾经猜想，生命起源于富含氨和磷的有机盐、光、热、电等物质的小池塘中。这为我们揭示了生命起源需要的条件。

大约37亿年前，微生物就在水中产生了。第一个简单细胞在地球上开始进化，它汲取能量、自我复制和进行演变，然后成为所有生物包括人类的基本组成单元——细胞。

渐渐地，地球上各式各样的生命出现了。近400万年前，类人生物——南方古猿诞生了，它们可以直立。直立让它们开阔了视野，能够充分发挥手臂及手指的神经功能；为它们进行精细化的生产和生活提供了生理基础，更为大脑神经发育和发展提供了神经进化基础。

有的研究者认为，随着时间推移和生活环境不断变化，古猿人逐渐进化为人类现在的容貌。这个变化过程主要表现为拥有越来越大的脑，能够制造和使用各种工具，样貌也不断发生变化。

根据《美国人类遗传学杂志》发表的文章，10万年前，一场气候变化让人口锐减到只有近2000人，人类一度成为濒危物种。最终，人类的祖先活了下来，足迹慢慢地遍布全球。

在现代科学界中，关于人类起源有很多不同的观点，除了我们刚才提到的达尔文进化论，你还知道其他观点吗？

🌀 |能量补给站|

人类的基因遗传至今，为我们留下了许多不可思议的信息。你知道当意外发生的时候，我们为什么会不由自主地随着人群一起奔跑吗？

其实，这是一个典型的心理机制的适应器。

我们每个人都有一套"适应器"系统，它可以是一个器官、一种本能，也可以是一种心理机制或者情绪反应，总之就是一切为了"适应"当时环境而形成的生命特征。适应器在每个时代都是不同的，因为不同时代的人类生存繁衍的条件是不一样的，适应器也会随之调整，但有的适应器会保留下来，代代传递。

试想一下，在广袤的草原上，你和同伴们一起去打猎。正在有说有笑的时候，突然看到两个同伴开始往反方向跑，你会怎么办？停止前进，调转方向，跟着他们一块往反方向跑；还是继续走向你之前前进的方向？很多人会选择前者，因为在过去这样的情况发生时，往往是前方有危险发生，如火山喷发或者猛兽捕猎，继续前行的人都会被危险吞噬。能够生存下来的大多数人都是选择调转方向远离危险的人，这些人成了我们的祖先，并将这种本能代代相传。

　　因此，有时候我们还来不及反应，就不自觉地随着一群人一起奔跑，这是因为我们的适应器告诉我们，看见一群人奔跑，意味着可能有危险或意外发生，我们必须跟着大部队才能生存下去。进化心理学家认为从众心理就是这么演化来的。一年又一年，跟着大部队跑的人活下来了，跑着跑着，人们也就不管因为什么而跟随大部队了。毕竟，奔跑着的人类祖先，即使发现跑了半里地不过是白跑，也不过是出身汗的事，这与丢了小命比起来，性价比太高了！

　　适应器形成的宗旨之一就是生存，在上面的案例中，生存允许小小的浪费。

 |自我成长屋|

有的研究者认为，人类祖先因为树木减少而被迫离开树栖环境，开始到地面上活动，并尝试直立行走；因为要尝试使用工具，所以十只手指越来越灵活……

未来，人类会进化成什么样子？

请你结合今日的世界、现代人的生活特点，尽情地发挥你的想象力吧。

在下面的画框中，请你描绘出你想象的未来人类。

你还可以在图画旁加上一些文字说明，就像正在讲给自己的朋友听一样。

我们的动植物邻居

地球上的物种这么丰富，但是只有人类拥有高级智慧，这是不是意味着其他的生物并不重要呢？

假如地球上没有了其他动物，没有了植物，人类会怎样？

地球上所有生物与其环境的总和，叫作生物圈，这个概念是在1875年由奥地利地质学家休斯（E·Suess）首次提出的，指地球上有生命活动的领域及其居住环境的整体。它包括海面以下约11千米到地面以上约10千米，其中包括大气圈的下层、岩石圈的上层、整个土壤圈和水圈，但绝大多数生物通常生存于地球陆地之上和海洋表面之下各约100米的范围内。如果我们把地球看作一个足球大小，那么生物圈比一张纸还要薄。这个圈层虽然微小，却是地球上最大的生态系统，是所有生物共同的家园。

奇妙新视界

生物圈里繁衍着各种各样的生命，为了获得足够的能量和营养物质以支持生命活动，生物圈中的生物之间，存在着吃与被吃的关系，"大鱼吃小鱼，小鱼吃虾米"这句俗语就体现了这样一种简单的关系。

为了维持如此丰富的生命活动，整个庞大的生物圈中形成了更加复杂的物质和能量流动的结构。人们把生物圈中的各种生物，按其在物质和能量流动中的作用分为生产者、消费者和分解者。

生产者，主要指绿色植物，它能通过光合作用将无机物合成有机物。

消费者，主要指动物（包括人在内），它们以植物或动物为食。

分解者，主要指微生物，它将死去的生物分解，让它们重新以无机物的形式复归于环境，使其继续在生物圈中流动。

在生物圈中，每一个生物角色都非常重要，它们之间相互依存、相互制约。在生物圈内生物与环境、各种生物之间长期的相互作用下，当生物的种类、数量及其生产能力都达到相对稳定的状态时，生命活动也相对稳定。这时，如果任何一个角色受到影响，那么整个生物圈都会受影响。

人类是生物圈中的一员，请你分辨一下，下图中的生物是生物圈中的生产者、消费者还是分解者，并填写在方框中。想一想它们和人类之间有着怎样的关系？

自然界的生物种类极其丰富，远比我们想象的要多得多。而我们人类对自然生物种类的了解至今还十分有限。据科学家测算，地球上现存生物有500万～1000万种，但到目前为止被确定名字的只有143万余种，其中植物约有34.6万种，动物约有109万种。这些数字是不是出乎你的预料！

　　对人类来说，自然界中的生物不仅为我们提供了充足的生存资源，使生命更健康，并得以延续；也为我们提供了美好的生存空间，让人产生愉悦的心情，陶冶情操，并吸引着人类不断探索、发现、发明和创造。

　　假如地球上没有了植物，我们人类会怎样？

　　假如地球上没有了其他动物或者微生物，对人类又有什么影响呢？

　　为了更好地了解地球生物圈的运行规律，曾经有人建造了一座微型人工生态循环系统，称之为"生物圈2号"。你知道关于它的事情吗？可以和爸爸妈妈一起探讨。

时光穿梭机

　　2021年8月12日是第十个世界大象日。许多人通过电视或互联网视频关注着追踪报道半年之久的亚洲象群——短鼻家族。这群大象的迁徙之路让全世界无数喜欢动物的朋友激动不已，人们第一次距离野生亚洲象如此之近，对它们的了解如此之多。

　　短鼻家族原本生活在西双版纳的自然保护区，2020年3月，它们离开保护区，往普洱方向迁移。之所以叫"短鼻家族"，是因为象群中有一头小象鼻子曾经受了伤，为了方便识别这个象群，保护区工作人员就给它们起了"短鼻家族"这样一个非常形象的名字。

　　为了能够及时了解象群的动向，又不惊扰它们，云南省森林消防总队无人机搜索小组持续用无人机对象群实时跟踪。

　　它们一路走，一路被围观。期间留下了很多精彩的瞬间。

在迁移过程中，象群吃掉了村民的庄稼，给沿途村庄带来一些小烦恼。但是村民们对待象群非常宽容。他们说：它们一百年、一千年都不来一次，它们来一次，想吃就吃，让它们饱饱地吃了走。

象群在宁洱县活动期间，还迎来了一名新成员。象群成员对这位新成员十分照顾，无论行进中还是休息时，小象都被保护在各位长辈中间。

从2020年3月到2021年8月，整整17个月，迂回行进约1300千米后，象群终于在人类不断投食和引导之下慢悠悠南归，这时的它们已经变得胖乎乎、圆滚滚了。据专家说，这是中国有记录以来距离最长的野生大象迁徙。

在看遍风景之后，短鼻家族静静地回到了它们的适宜栖息地——普洱市墨江县。为了保护它们，云南一共出动警力和工作人员约2.5万人次，布控应急车辆约1.5万台，疏散转移群众约15万人次，投放象食近180吨。

短鼻家族拉近了人和象的距离，加深了人和象的感情，也带给我们很多的温暖和感动。同时，它们让世界看到了中国在环境保护和动物保护方面所作的充满友好和关爱的努力。

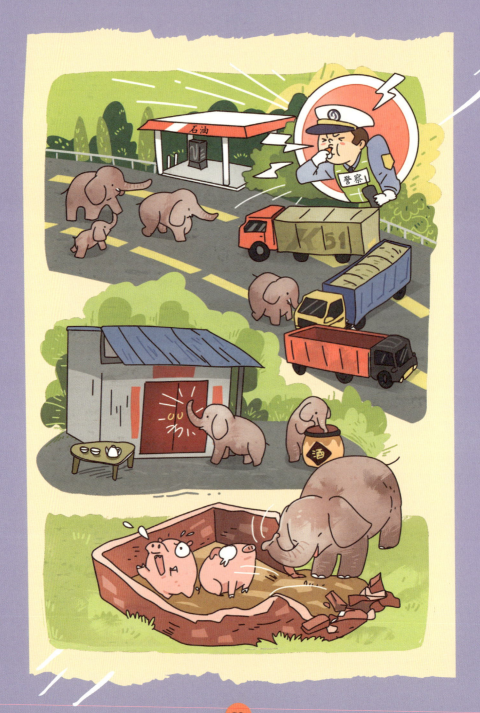

大象是记忆力超强的动物，相信短鼻家族会和我们一样，记住这个不一样的美好夏天。

面对这么可爱的短鼻家族，你有什么话想对它们说吗？你可以写在下面。

自我成长屋

请你猜猜这是什么植物？

人们用这种植物带叶子的枝条来表达和平的愿望；人们把这种植物成熟的果实腌制后制作佐餐的调味小菜或蜜饯，把这种植物的果实榨出的油作为上等健康的食用油、护肤用油，这种植物的果实还可以用来酿造食用醋等。

答案：这种植物是橄榄树。

你猜对了吗？

人类在漫长的生活探索中发现了橄榄树的奥秘。橄榄油由新鲜的油橄榄果实直接冷榨而成，有着理想的烹调用途和极佳的天然美容保健功效，被认为是迄今所发现的油脂中最适合人体营养的油脂，被誉为"液体黄金""植物油皇后"。因橄榄主要生长在欧洲的地中海，橄榄油也有"地中海甘露"的美称。

与父母家人或同学一起填写表格，看谁回答得快!

提到植物，你马上能回答出的植物:

人类能吃的植物:请写出植物名称并标注出类种。如叶类、花类、果实类、根茎类，菌类、药用类（根、茎、叶、花）等。

如:红薯（根茎类、叶类） _____ （____类）

_____ （____类） _____ （____类）

_____ （____类） _____ （____类）

能用于"穿"的植物:

如:麻、_____ 、_____

类似橄榄油，对人类健康有益并有着同等美誉的植物还有:

如:芝麻、_____ 、_____ 、_____ 、_____

你能填写出10种可用于除吃或穿以外为人类服务的植物吗?

如:桑树（饲养蚕） （　　）树（制作橡胶）

青蒿（　　） _____ （　　）

____（　　） _____ （　　）

____（　　） _____ （　　）

____（　　） _____ （　　）

你若能独立填写出以上空格的内容，非常棒! 这表明你对大自然馈赠给人类的植物非常关注，请继续加油!

（参考答案:能用于"穿"的植物有棉花、麻类、菠萝叶、竹子等多纤维植物）

为碳中和目标出一份力

　　地球资源不是取之不尽、用之不竭的，受到人口、天灾、虫害等因素的影响，地球生态随时都在变化。为了保护人类自己，每一个人都有责任保护生态环境。正在读书的你，虽然还是学生，但请你不要小看自己的力量，你的每一份行动，都非常重要！

你种下一棵小树，与它一起成长。

你少穿一条牛仔裤，排进江河的污水随之减少。

你随手关掉电灯，减少能源的浪费。

你少用一个塑料袋，减少环境降解的压力。

请你查一查资料，看看还有哪些行动是自己可以身体力行的，然后记录下来。

随着年龄的增长和环保知识的增多，相信你会开动脑筋，创造发明、掌握更多的环保技能。

当你自觉地完成了这些看起来微不足道的小事儿后，你可以骄傲地说：世界因我而更美好！

小观察

在日常生活中，你是否留心过那些被人忽略的角落里依旧顽强生存的生命：悬崖峭壁上的青松、石缝间的小草、路边的野花儿。它们不需要人们刻意地施肥、灌溉，任凭风吹雨打，依旧顽强地生长着。还有花朵上辛勤的蜂蜜、弱小但团结的蚂蚁、锲而不舍结网的蜘蛛，它们不怕困难，敢于向困难挑战，凭借自己的努力在弱肉强食的自然环境中存活。

请你走入大自然，看看还有什么生命在大自然中活动，补充到下面的空格中。

（观察的时间：＿＿月＿＿日）我看到了：＿＿＿＿＿＿

（观察的时间：＿＿月＿＿日）我看到了：＿＿＿＿＿＿

（观察的时间：＿＿月＿＿日）我看到了：＿＿＿＿＿＿

（观察的时间：＿＿月＿＿日）我看到了：＿＿＿＿＿＿

若观察后能填写出3个，你就是自然观察小达人！给你一个大大的赞！

本活动需要大家留意观察生活中容易被忽略的地方，去发现微小的动植物，记录下它们顽强的生命状态以及自己的体验，感悟生命的丰富与顽强，与同伴们分享自己的发现和感受，传递乐观向上、充满希望的正能量。

发现美的眼睛

法国艺术家罗丹有一句名言：生活中不是缺少美，而是缺少发现美的眼睛。

你如果细心倾听，就会发现：对于同样的时间和事物，有的人总在抱怨无聊、单调，有的人却总能分享新的发现和体验。其实，正如罗丹所说，生活中的美和趣味无处不在，只是需要你去发现。所谓大师，就是这样的人：他们用自己的眼睛去看别人见过的东西，在别人司空见惯的东西上发现出美来。

虫鸣鸟叫与潺潺流水都蕴藏着不被发觉的美丽，都是大自然最优美的旋律。有的婴儿无缘由地哭闹，养育者在万般无奈中把自然之声放给他听，婴儿在自然之声中渐渐平静了，进入了梦乡。自然之声需要我们去发掘，去倾听。

奇妙新视界

前面我们已经分享过人类和自然界、动物界密不可分的联系。

千百年来，动物与人类共同生活在地球上。为了表达对动物的喜爱和感激之情，世界各地的人们自发地设立了形形色色的动物节。

大象节

每年的3月6日，印度的拉贾斯坦邦首府斋普尔都会举办大象节，这是为象首人身的神灵举行的庆祝活动。这一天，大象们身上涂抹着绚丽的油彩，耳朵和头上戴着美丽的装饰，在嘹亮的乐声伴奏下，成群结队地走出来，进行各种有趣的比赛和活动。其中有一项特别的比赛——象球赛，参赛的两队选手坐在象背上驾驭大象，击球进门得分。大象庞大的身躯和灵活的动作让观看的人忍俊不禁，也让炫酷的大象节热闹非凡。

猴子节

　　猴子节是泰国的特色节日，在泰国华富里市举行。每年11月的最后一个周末这一天，当地会举行自助宴会，为猴子准备各种好吃的食物。据说是因为泰国人相信在很久之前，一个印度的神把华富里这个地方交给了叫作哈奴曼的神，而哈奴曼有一张猴子脸，所以猴子们就跟随哈奴曼一起来了！还有一个原因是华富里的猴子和人类相处非常和谐，懂得"抢镜头"，很自然地与游客合影，这为当地的旅游业增添了特色。

猫节

    在比利时西部古城伊普尔，每隔3年的5月第二个周日是举办"猫节"的日子。这一天，伊普尔城变成了猫的海洋，放眼望去，城镇街头的广告和商品都是各种猫咪的造型。人们纷纷以各种猫咪造型装扮，迎接盛大的"猫车"方队游行。巨型猫车上的"猫人"载歌载舞，向路人抛撒糖果。游行结束后，市中心广场将上演当天的重头活动——"抛猫"仪式。据说，谁能接到从70米高的钟楼上扔下来的猫玩具，就会有好运气。

    此外，有的地方还有驴节、蛇节等。你若有兴趣，不妨上网去查一查自己感兴趣的动物节日，并讲给自己的朋友听。

自我成长屋

动动手1：制作"自然之声"小视频

　　医学研究发现，经常聆听音乐会对人的脑波、心跳、肠胃蠕动、神经感应等产生影响，进而使人身心健康。倾听和体验自然的声音，同样可以放松身心，达到一定的心灵治疗作用。因为人类脱胎于自然，自然更能滋养人类的心灵。

　　建议小朋友们在家长的陪同下，到附近的公园、植物园、郊区或山区等地，去倾听自然的声音，听听哪些声音是自己喜欢的，哪些是不太喜欢的；并借助录音（或手机）设备搜集自己最喜爱的声音，自己制作或与家长一起动手编辑3分钟自然之声，与家人或同学、朋友分享，在这个过程中体验放松、舒适的感觉。

动动手2：枯树枝也有春天

树枝也有生命，精心制作枯树枝，就是在延长它的生命价值。

我们的伟大祖国地域辽阔，许多地方春夏秋冬四季分明。冬天对很多地方来说意味着寒冷和寂寞，树木失去了绿色，只剩下了干枯的树枝。然而即使是枯黄的树枝，也有追求春天的权利，也有再次焕发生命的可能。

作为小学生的你，课余时间可不要一味地"猫冬"在家呦。建议你和小伙伴一起做个活动。

请你以枯树枝为主要材料，充分发挥想象力，自己动手制作出各种新的形象，并与伙伴分享自己的创意。在这个过程中，你可以享受自己的独立创意制作和与伙伴们相互分享的快乐，感受重新赋予枯枝生命的成就感。

第二章

世界上唯一的我

从生平第一次照镜子起，你是否发现镜中的自己，是一个有血有肉的躯体，还是一个有着丰富表情的人。你对着镜子笑，对着镜子哭，镜中人似你肚子里的虫，富有同理心地陪伴着你。你敲打对方，骂对方几句，也不会遭到回击！

当带着更多探究欲、好奇心仔细端详镜子中的自己时，你发现自己有些像母亲。不！鼻子、嘴巴长得更像父亲。噢，我们的身体是谁的奇妙杰作？

1 我从哪里来

有一个很有趣的法国电影《帝企鹅日记》，你看过吗？影片讲述了南极洲上的居民——企鹅家族的故事。

在南极洲中部地区，年平均气温为零下56℃，绝对最低气温达零下89.2℃，是目前世界测到的最低气温。帝企鹅是冬季在南极洲进行繁殖的个头最大的物种，帝企鹅家族与众多的其他邻居一样，有着顽强的生命力。

南极的海里生物丰富。帝企鹅可以屏住呼吸，在海面下50米寻找冰海中的鲜鱼虾；也可以在海洋表面逆流而行，游动15～20分钟后，再次潜水或浮出水面呼吸。它们的皮毛厚厚的，为度过极寒时刻做准备。

冬天来临，为避寒，帝企鹅要跑数百千米路到南极的另一面——向阳背风的地方生活。为了种群的繁殖，它们的祖祖辈辈就这样一次次地集体大迁徙。

影片中，小帝企鹅的爸爸妈妈选定了彼此作为相爱一生的伴侣。几个月后，帝企鹅妈妈辛苦地产下蛋。为了使它从受精卵成长为一个真正的企鹅，帝企鹅爸爸双脚并拢，用嘴把蛋滚到脚背上，用自己雄壮身体的腹部皱皮把蛋盖上，用体温保护着蛋并使它不直接接触地面。企鹅准爸爸两个月不吃东西，直到孵化出小帝企鹅。在这期间，帝企鹅妈妈则要到远方去找吃的东西补补身子。

在这2个月中，为了抵挡南极的寒风，成千上万孵蛋的准爸爸们通常背风而立来保持体温，它们肩并肩地排列在一起，为即将出生的小企鹅遮风挡寒。

大约60天后，准妈妈们从远方海中吃饱回来，恰好企鹅宝宝们破壳而出，宝妈们神奇出现并准确地找到宝爸，接过宝宝。宝妈们不顾疲倦的身体，用它们在胃中储存的营养物质喂养宝宝，担当起养育后代的重任。而饥饿中的宝爸们，则要奔走几十千米去觅食，并尽快回来与宝妈交换工作。

就这样，小帝企鹅在爸爸妈妈的爱护下茁壮成长。

看了帝企鹅的故事，你会不会好奇：我自己到底从哪里来？来到这个世界做点什么呢？

奇妙新视界

像帝企鹅一样，我们每个人的出生都是一个偶然的奇迹。因此，人最宝贵的就是生命。

你应该已经知道，蝴蝶是从毛毛虫变化来的，青蛙是从小蝌蚪变化来的，企鹅是从受精卵（企鹅蛋）孵化出来的。那你知道自己是怎么来到爸爸妈妈身边的吗？

也许爸爸妈妈和你开玩笑，说你是从垃圾桶里捡来的，是从医院里抱出来的……其实我们是从妈妈肚子里生出来的。

我们还是一个受精卵时，要在妈妈身体里一个安全舒适的"房子"里小住9个多月。这个"房子"叫子宫，子宫里有妈妈特殊的秘密通道，妈妈通过它给我们输送氧气和养料，我们在这里一天天长大。特别是我们的大脑神经，就在这个温暖、舒适、安全的环境下，自由地发育着、生长着。

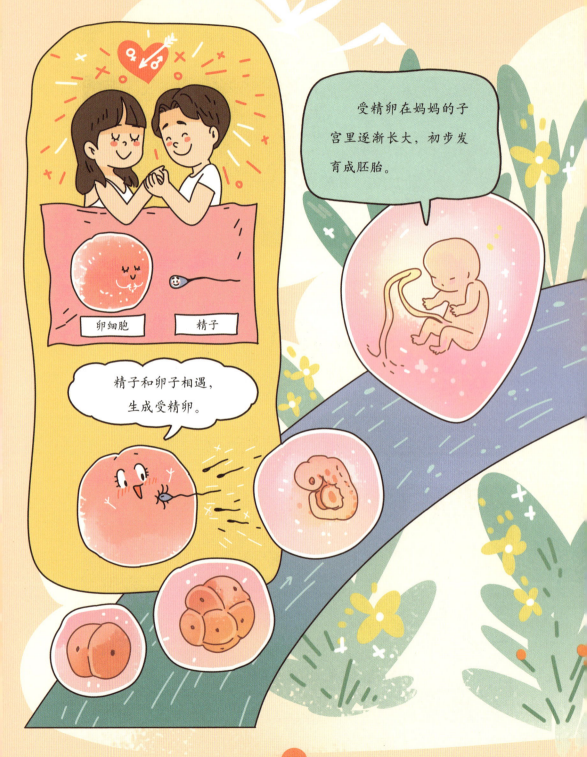

卵细胞　　　精子

受精卵在妈妈的子宫里逐渐长大，初步发育成胚胎。

精子和卵子相遇，生成受精卵。

50

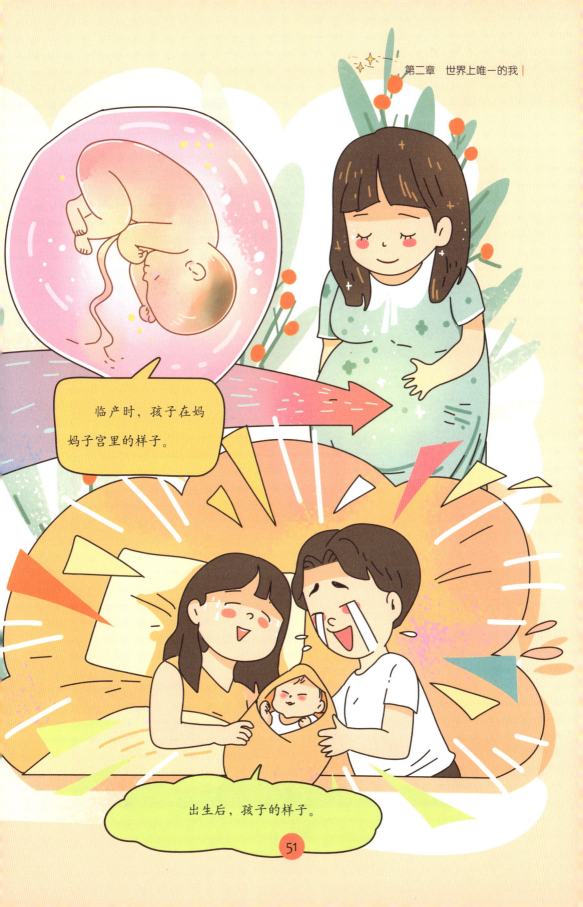

临产时，孩子在妈妈子宫里的样子。

出生后，孩子的样子。

一般刚出生的宝宝体重在2.5～4千克，重的还有5千克左右的呢！你知道刚出生时的自己有多重吗？

———————————————

你在妈妈肚子里待了9个多月呢，妈妈得有多辛苦哇！你想不想感受一下？你可以把枕头或者其他东西绑在腰间（不要太重哟），坚持10分钟，体验一下吧！

我坚持了10分钟，我感到：———————————————

———————————————————————————————

———————————————

问一下妈妈，你在妈妈肚子里9个多月，她的感受是什么样的？有哪些难忘的事情呢？

———————————————————————

———————————————————————

———————————————————————

————————————————————

能量补给站

一个生命的诞生概率非常小，可以说只有亿万分之一的概率。我们是爸爸妈妈爱的结晶，而且是爸爸所有精子里最强壮的一个精子和妈妈的卵子结合而来的。因此，从这个角度来说，每个小宝宝都是第一名！

我们人类的一生要经历受精卵——胎儿——婴幼儿——儿童——少年——青年——中年——老年这些阶段。我们的生命从受精卵就开始了，慢慢地长成现在的自己，也就是儿童。未来，我们会一步步地沿着生命之路不停地走下去。

如果有机会回想自己的成长经历，你会有很多新的发现。因此，建议你做一个属于自己的《成长手册》，和爸爸妈妈一起回忆从你出生开始至今发生的重要的、难忘的事件。

当你翻阅着自己成长经历的照片，从婴孩、幼童到儿童、少年，你会发现自己真的长大了：最显著的变化是身高、体重、相貌的变化，更重要的变化则体现在认知和思考的广度、深度上。你会再一次体会父母的养育之恩，老师、同学的陪伴之情，感谢自然万物提供给我们的丰富资源！

时间	回忆者	事件/照片	我想说
三岁	妈妈	你看到桥下的河水有些害怕。妈妈在公园小桥的另一端迎着你，鼓励着你，你一步一步走向妈妈的怀抱，脸上露出克服恐惧后带有委屈的甜美笑容	谢谢妈妈总是陪在我身边
今年			

自我成长屋

　　生命如此宝贵，你了解多少关于生命的小秘密呢？你有关心过自己身体的各个部位，了解并照顾好它们吗？在中国的语言文化中，很多内容生动体现了人们对于身体部位的理解。

　　比如："聽"这个字，你认识吗？对，它是一个繁体字。如果你认识，真要给你一个大大的赞。

　　这个字是"听"的繁体字。它的意思是说每当与人打交道时，我们要想做好倾听，除了用好耳朵，还要用好眼睛，也要用心！

　　现在，我们来玩一个填词游戏。请你将下面表格左侧词语中缺少的字补上，并在表格右侧对应的位置用自己的语言把这个词语解释一下。看看你能完成多少呢？

填词游戏

词语	意思
（　）明（　）亮	
没（　）没（　）	
（　）（　）相照	
（　）滚（　）流	
（　）高（　）低	

词语	意思
愁（　）不展	
（　）花怒放	
怒（　）冲冠	
充（　）不闻	
画蛇添（　）	
登（　）（　）上脸	
字写得缺（　）（　）少（　）	
荡（　）回（　）	

你的发现:

数一数你用了多少字去解释一个词的意思。创造这些词语的祖先仅仅用四五个字就能表达明白，有些还用了身体的多个器官来表达，让我们通过自己的日常感受来理解。这些词语通俗易懂，这是不是说明人的身体与心理感受常常是紧密联系在一起的?

这个填词游戏好玩吗? 感兴趣的话，你可以查一查词典，继续补充。

 我的生命发展

　　妈妈经过怀胎十月，终于迎来了你出生的这一天。看着眼前的小生命，爸爸妈妈别提多幸福了，这个时候的他们觉得风儿在说话，小鸟在唱歌，夜晚的星星也在为小宝宝的诞生而翩翩起舞。在爸爸妈妈眼里，他们的宝宝就是这个世界上最宝贵的礼物。

|时光穿梭机|

（一）做一做　属于自己的独一无二的出生卡片

　　你是如此的与众不同，你的出生给家人带来了幸福和快乐，你每一天都在慢慢长大。你出生的时候是什么样子呢？今天的你还记得自己小时候的样子吗？问一问爸爸妈妈，和他们一起做一张出生卡片吧！

　　你想怎么制作属于自己的独一无二的出生卡片，发挥想象的力量，行动起来吧！

出生卡片

（二）填一填　属于自己的成长经历清单

你在成长过程中经历了很多重要的时刻，你对自己的成长好奇吗？问问爸爸妈妈下面这些问题，和他们一起回忆你的成长。

我的成长

什么时候学会了翻身？

_____

什么时候学会了坐？

_____

什么时候能够独立行走？

_____

什么时候学会了叫爸爸妈妈？

_____

什么时候可以说出一个完整的句子？

_____

什么时候学会写字？

_____

什么时候学会了写自己的名字？

_____

什么时候学会了写爸爸妈妈的名字？

_____

（三）画一画　属于自己的家庭树

　　你有兄弟姐妹吗？你有叔叔、姑姑、舅舅、舅妈吗？请把你的家庭大树画出来！如果有人已经去世，你可以用方框标注出来，去世的家人也曾经为家庭大树的枝繁叶茂做过贡献！

爸爸妈妈的成长

爸爸

妈妈

采访一下爸爸妈妈，他们经历了哪些值得记住的日子，有什么感受？

出生日期：	出生日期：
上小学：	上小学：
大学毕业：	大学毕业：
参加工作：	参加工作：

结婚日期：

当时喜欢妈妈什么：

当时喜欢爸爸什么：

我对宝宝说的第一句话：

我对宝宝说的第一句话：

其他难忘的事情也来记录一下吧！

采访了爸爸妈妈，那爷爷奶奶、外公外婆的经历和你们有什么不同吗？

他们的外貌、性格是什么样的，又有哪些难忘的故事呢？去听一听爷爷奶奶、外公外婆的故事，并把你认为有趣的事画一画吧！

还记得吗？我们的一生会经历受精卵——胎儿——婴幼儿——儿童——少年——青年——中年——老年这些阶段。我们慢慢也会成长为爸爸妈妈、爷爷奶奶和外公外婆现在的样子。

🐚 |能量补给站|

人的行为是后天习得的，学习主体通过对学习对象的行为、动作以及它们所引起的结果进行观察，获取信息，而后经过大脑进行加工、辨析、内化，再将习得的行为在自己的动作、行为、观念中反映出来。

父母是我们的第一任老师，家庭是我们成长的第一所学校，你看到爸爸妈妈身上有哪些优点呢？你又从爸爸妈妈身上学到了什么？

我欣赏爸爸的优点是：＿＿＿＿＿＿＿＿＿＿

＿＿＿＿＿＿＿＿＿＿＿＿＿＿＿＿＿＿＿＿＿

＿＿＿＿＿＿＿＿＿＿

我欣赏妈妈的优点是：＿＿＿＿＿＿＿＿＿＿

＿＿＿＿＿＿＿＿＿＿＿＿＿＿＿＿＿＿＿＿＿

＿＿＿＿＿＿＿＿＿＿

我欣赏好友＿＿＿＿＿＿的优点是：＿＿＿＿＿＿

＿＿＿＿＿＿＿＿＿＿＿＿＿＿＿＿＿＿＿＿＿

＿＿＿＿＿＿＿＿＿＿

我欣赏＿＿＿＿＿＿的优点是：＿＿＿＿＿＿＿

＿＿＿＿＿＿＿＿＿＿＿＿＿＿＿＿＿＿＿＿＿

＿＿＿＿＿＿＿＿＿＿

找找自己的根：若有机会，采访一下爷爷奶奶、外公外婆，他们的出生地在哪里？

在地图上查找一下具体位置，并请爷爷奶奶、外公外婆讲一讲祖籍的趣闻轶事。

爷爷：＿＿＿＿（国家），＿＿＿＿＿＿（省、市、自治区），＿＿＿＿＿＿＿（县）。

奶奶：＿＿＿＿（国家），＿＿＿＿＿＿（省、市、自治区），＿＿＿＿＿＿＿（县）。

外公：＿＿＿＿（国家），＿＿＿＿＿＿（省、市、自治区），＿＿＿＿＿＿＿（县）。

外婆：＿＿＿＿（国家），＿＿＿＿＿＿（省、市、自治区），＿＿＿＿＿＿＿（县）。

请你听过之后，为他们每人所讲的趣闻轶事起一个贴切的名字。

我的聪明大脑

你思考过吗？在地球上的生物演化中，人类没有大象那样巨大的身躯，没有山中之王——老虎那样锋利的牙齿，却是地球上最智慧的动物。这是为什么呢？

人类为了探索自身，经历了数不尽的努力，就像你的好奇心一样。

400多年前，德国的一位医生在自己的办公室中摆放了一个玻璃瓶，瓶中放置着一堆粉红色的物体，这就是他刚刚解剖的人类大脑。他很想知道，大脑到底由什么东西组成。后来，随着科学的进步，他的这一问题终于有了答案：组成人脑的最小单位就是神经元。这些小小的神经元就像是一个个"小人儿"，它们数量众多，彼此之间通过独特的沟通方式联结起来。今天我们就一起来认识一下这些小家伙吧！

奇妙新视界

秘密1：大脑里的神奇"小人儿"——神经元

神经元就是住在我们大脑里的小人儿，它像一棵有着大大树冠的小树苗。我们的大脑中存在着非常多的神经元，就像是一片由小树苗构成的大森林。科学家推测人脑中存在着大约860亿个神经元，比全地球人口的11倍还多呢。

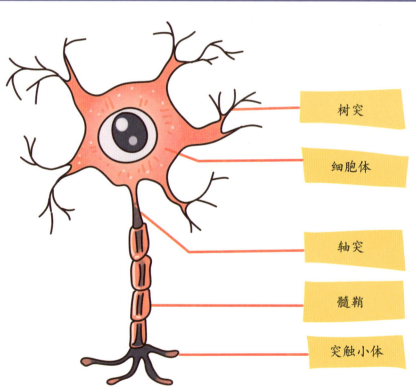

树突

细胞体

轴突

髓鞘

突触小体

秘密2：神经元"小人儿"们怎样交流

每个神经元的树突就像一只小手，从别的神经元那里接过写着信息的小卡片。这些信息汇合在一起，会变成一束神奇的电流。电流可以沿着轴突一直传到末端的突触小体，这就好像是给突触小体打了一个电话。听到"电话"里传来的指令，突触小体又接着写下新的小卡片，把信息传递给下一个神经元。这些写着信息的小卡片的学名叫作"神经递质"。它们有的让下一个神经元快乐地工作；有的让下一个神经元休息，暂时停止传递信息。

一个"小人儿"可能同时接收到数千个其他"小人儿"的信息，然后把它们整合，再传递出去。这就是我们的大脑能够把很多知识联系在一起进行学习的原因哦！

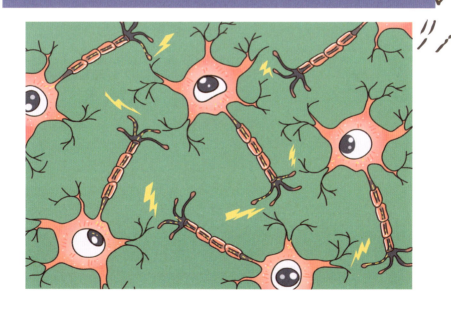

秘密3：神经元"小人儿"如何长大

在我们长大的过程中，大脑中的这些"小人儿"也在不断长大。它们像小树苗一样生长，树冠长得越来越茂盛，树干长得越来越长，树根也变得盘根错节。神经元在长大的时候会获得一件叫作"髓鞘（suǐ qiào）"的外衣，这外衣就像电线外边的胶皮一样。越来越多的神经元穿上"超能力外衣"，我们的反应就会变得越来越快，大脑也会变得更加聪明。

随着我们渐渐长大，有些脑神经之间的联系变得不那么重要，需要修剪掉。就像小树需要园丁的修剪才能长得更加苗壮一样，大脑中的神经元也会进行修剪。经过修剪，大脑神经元的枝干越长越整齐，沟通效率就越来越高，我们的大脑也就越来越成熟了。

大家已经了解了我们的大脑。请大家和爸爸妈妈一起交流讨论，有什么样的方法，可以让我们的大脑更加健康，发展得更好呢？请把你的想法画下来。

|时光穿梭机|

　　20世纪20年代，在印度东北部的一个小城里，人们常常在附近森林中见到两个"神秘生物"。他们身体像人，却不会直立行走，像动物一样四肢着地。一到晚上，他们就跟在三只大狼后面，到森林中猎杀小动物，并以之为食。后来人们在狼窝里发现了这两个"怪物"，原来她们是两个被狼养大的人类女孩。其中大的七八岁，小的约两岁。后来这两个小女孩被人们送到当地的孤儿院抚养，人们将她们称作"狼孩"。

　　可是到了孤儿院之后，两个狼孩却和普通的小孩完全不一样。她们喜欢在夜间活动，没有感情，只知道饥时觅食、饱时休息。她们的智力远远落后于被人抚养大的孩子：姐姐刚被发现时，智力与6个月的婴儿相当；姐姐死时已经16岁，但智力只与三四岁的孩子相当。

想一想：

为什么狼孩是人类，和我们拥有同样的大脑结构，可是她们的智力却远远落后于正常被人类抚养长大的孩子呢？

把你觉得可能的原因写下来，并且和爸爸妈妈一起讨论。

原 因1: _____

_____

_____

原 因2: _____

_____

_____

原 因3: _____

_____

_____

能量补给站

大脑如此努力地成长，让我们变得聪明敏锐，我们怎样做才能更好地保护它呢？

1.调整节律，有张有弛

比如感觉数学题做得太多了，有些累，就可以先学一会儿语文。这样的做法让大脑皮层中的兴奋点从一个区域转到另一个区域，左右脑交替使用，不但大脑皮层的神经系统不会疲劳，反而能提高学习效率。

 ### 2.保证睡眠，劳逸结合

充足的睡眠能够很好地保证大脑的工作效率。充足的睡眠会帮助我们消除疲劳，恢复脑力。7～12岁的小学生，每天要睡足8～10个小时。

3.参加运动，锻炼身体

参加体育锻炼和文娱活动，对大脑来说是一种积极的休息，能调节大脑继续有效地工作。另外，体育活动和文娱活动有利于我们保持良好的情绪，这对大脑的健康非常有帮助。

4．注意饮食，保证营养

为了保证大脑的功能，我们还要从饮食结构上进行保障。合理的用餐中不可缺少蛋白质和蔬菜，这是帮助大脑补充能量的关键。

总之，科学用脑是一个完整的系统工程，我们方方面面都要照顾到，要协调发展。

 身体扫描仪

　　我们与自己的身体朝夕相处，对它的了解却微乎其微。你有没有认真观察过自己的鼻子、嘴巴、眼睛、耳朵？自己的头部、四肢与身边的小伙伴有什么区别吗？

　　你知道我们的身体有很多小秘密吗？比如新生儿的头部占整个身体长度的四分之一，成年人的头部则只占全身长度的八分之一；人体全身的骨骼是由很多能够转动的关节连接起来的，我们身体的每个动作变化都产生于相应关节的转动；人体有一半热量是通过头部散失掉的，而且头发会吸收人体的一部分营养……

请你画一画，自己的身体部位有哪些，它们有着怎样的特征？

你知道吗？有很多人，他们可能因为先天或后天的原因，没有健全的四肢；身材过于矮小；耳不能听，口不能言。还有很多人，他们会因为自己不够漂亮或者其他原因而不喜欢自己的身体。

你会觉得自己的身体不够完美吗？有哪些部分呢？为什么？

你喜欢自己身体的哪一部分呢？为什么？

74

心灵故事汇

2019年2月，在美国综艺节目The World's Best中，一段小提琴演奏，让现场观众和数位嘉宾纷纷落泪，并在演奏结束后集体起立为演奏者鼓掌致敬。人们都被眼前这位演奏者震撼了，她没有右臂，却拉出了最令人感动的旋律。这就是残疾女孩伊藤真波。

伊藤真波出生于日本静冈县，7岁开始学小提琴，还会弹钢琴，并擅长游泳，从小就活泼开朗、兴趣广泛。她的理想是做一名护士，高中毕业之后，伊藤真波顺利考上了护士专门学校。

2004年冬天，20岁的伊藤真波在上学途中出了车祸，虽然保住了性命，右手臂却多处骨折，只能截肢。

事故发生之后，独臂的她，很多事情没有办法独立完成，一度感到绝望。

有一天，她在医院里进行身体复健训练，看见操场上有一群残疾人，他们行动不便，却在坚持打篮球。伊藤真波很感动，她觉得自己不能一蹶不振，而是要好好生活。

她重新开始练习游泳，努力适应用一只手臂游泳的状态。经过勤奋的练习，她游得越来越好。2008年，她代表日本参加北京残奥会，在100米蛙式游泳比赛中取得了第四名的佳绩。

并且，凭借顽强毅力和本身就不错的专业水平，她成功通过了护士资格考试，成为日本第一位使用假肢的残疾人护士。

但有一件事情她一直无法释怀，那就是妈妈最爱的小提琴。妈妈对她说："真希望有一天能够再次听到你拉小提琴！"于是，伊藤真波重新拾起小提琴，并决定不会放弃。

一开始练习的时候，控制琴弓非常困难，几乎发不出一个音节，假肢毕竟无法如同自己的手那样去把握力度、方向、角度……只靠肩膀的牵引来演奏复杂的乐曲，真的太难了。

经过不断地练习，伊藤真波的身体开始适应，并且拉得越来越好，她开始在很多场合演奏。2018年9月，她在一场演奏会上表演了中岛美雪那首脍炙人口的乐曲《线》。她将小提琴放在左肩，用左手揉弦，"右手"拉弓。这"右手"其实是细细的金属假肢，一头安置在右肩上，一头连接着琴弓。她靠着右肩的力量，拉出了美妙的乐曲。现场的人纷纷被她的演奏打动。当地一位残疾人机构的负责人，将伊藤的表演拍下来分享到网络上，动人的演出片段触动了无数人的心灵。

之后，在The World's Best节目的邀请下，她穿上美丽的礼服在万千观众面前演奏。舞台绚丽至极，她的丈夫和女儿都在台下注视着她，为她而骄傲。

伊藤真波说，希望自己的行动能够给别人一些鼓舞。

每个人都有自己的人生路，不是每个人都能幸运地拥有健康的身体，不是每个人都是帅哥美女。我们应该学会的是找到自己的闪光点，永远记住路是自己走的，永远要相信自己，挖掘自己的潜能，做更好的自己！

能量补给站

    每一个孩子都是上天赐给父母最宝贵的礼物，应该被这世界温柔对待。当我们渐渐长大，慢慢学着离开父母，独立玩耍、学习，面对世界新的挑战，我们最重要的任务就是学会保护自己。

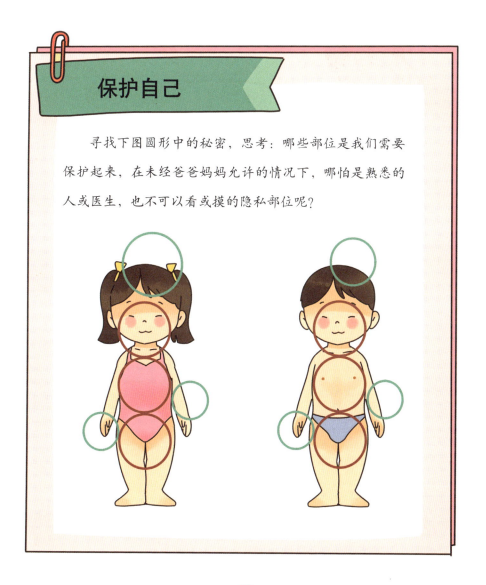

保护自己

    寻找下图圆形中的秘密，思考：哪些部位是我们需要保护起来，在未经爸爸妈妈允许的情况下，哪怕是熟悉的人或医生，也不可以看或摸的隐私部位呢？

你有自己的答案了吗？把你的答案分享给爸爸妈妈。如果有人试图或未经允许摸了你的隐私部位，你会怎么做呢？

大胆说"不"。 ✓

报警。 ✓

立刻告诉爸爸妈妈。 ✓

默默忍受，不敢跟任何人说。 ✗

如果有人试图或未经允许摸了你的隐私部位，了解下面这些知识，可以帮助你更好地保护自己。

在人多的地方，如市场、购物商场，电影院等，你不要害怕，要大喊："我不认识你，不要碰我！"

在村落、家居街巷、家中遇到熟人作祟或人少的地方也不能放弃反抗，可以高呼："你想坐牢吗？"

如果你是留守儿童，独自居住：房间要设置门锁；找可靠的同性别同学陪住；发现有人图谋不轨，要大声呼救。

警察叔叔永远是我们的坚强后盾，也要相信有正义感的人很多！遇到问题要及时请周围的人帮助报警！

自我成长屋

　　李叔叔是涵涵爸爸的好朋友，由于没有女儿，他特别喜欢涵涵。涵涵长大了，对李叔叔的态度有了变化。她不愿意李叔叔抱她，更不愿意他抚摸自己的头和脸。涵涵把自己的想法告诉了妈妈，妈妈对她说："你可以直接对李叔叔说呀，你告诉他你长大了，不喜欢被人抱了，也不愿意别人碰你的脸。李叔叔会尊重你的意见和想法的。"涵涵像妈妈说的一样告诉了李叔叔，李叔叔笑呵呵地说："对不起，叔叔忘了，涵涵已经是大孩子了。"李叔叔不但没有生气，还夸涵涵这样做是对的。他告诉涵涵，保护自己身体的意识，不光针对陌生人，熟悉的人同样要注意，以后他不这样做了，他仍然喜欢涵涵，是涵涵的大朋友。

你同意涵涵的做法吗？你如果是涵涵，会怎么做呢？

奇奇是个男孩子，也遇到了身体隐私被侵犯的问题。他心里想：张叔叔是爸爸的朋友，他摸了我的隐私部位，我虽然很不舒服，也很害怕，但是我是男孩子，这也没什么，算了，还是不要和爸爸妈妈说了，我可不想让别人知道这件事。

你如果是奇奇的好朋友，会跟他说什么吗？怎么帮助他呢？

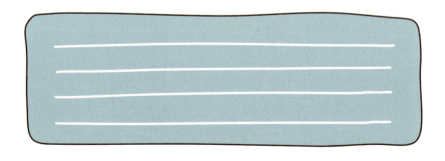

第三章

我与他人

长大是一个历程，是一次
生命的经历，需要学习，生活，工作，
需要认识自己，认识世界。我们通过学习
去发现每个人都同样重要，都有自己的价值。
成长让我们能够用自己学习与掌握的知识去探
索世界，为爱过我们的人和我们所爱的人做一
点事情，让我们的心灵更丰盈，让我们的社
会更美好，让我们的生命更丰富多彩。

1 多姿多彩的生命

我们的身体里藏着很多的秘密，并且每个人的身体、外貌都有各自的特点。你的身边，除了和你一样拥有黄皮肤、黑头发、黑眼睛的人以外，还有其他肤色或者发色的人吗？

另外，就算是长相相似的两个人，甚至是双胞胎，也会拥有各自的性格特点；不同国家和民族的人，又分别有属于自己的文化习俗。

世界上共有二百多个国家和地区，它们分布在全球不同的地方。由于各个国家所处地域的自然环境存在差异，人们适应了当地的环境而在外貌、体质等方面有所区别，并随着文化的积淀形成了特定的生活、饮食习惯和文化习俗等。让我们一起去了解不同国家的人们有什么特点和有趣的习俗吧。

奇妙新视界

阿根廷

阿根廷位于南美洲南部。阿根廷人身上兼有欧洲人的浪漫与南美洲人的热烈奔放。起源于阿根廷的探戈（tango），便是一种充满阿根廷气质的舞蹈。它通常没有特定的规范制度，更依赖舞者的即兴创造力，男女舞者根据心情、环境、音乐的不同变换着自己的舞步，展现十足的激情。探戈作为阿根廷的国粹享誉全球。

在阿根廷，人们认为水是最圣洁的，因此每年新年到来之际，人们都会到附近的江河中洗"新年浴"。人们会将鲜花撒在水面上，然后跳入"花海"中沐浴，据说这样可以洗去身上的污垢和霉气，换来吉祥和好运。

马黛茶被誉为阿根廷的"国茶"。据统计，阿根廷超过90%的家庭都会长期饮用这种茶。自2013年开始，阿根廷政府不仅通过宪法公布马黛茶为国饮，甚至还通过了国民宪法，设立了马黛节。有人说：不喝马黛茶，就不算来过阿根廷。

俄罗斯

俄罗斯文化在世界文化中占有独特的位置。

俄罗斯的传统民族服装色彩鲜艳，女子的装饰品主要有披肩和腰带。披肩有三角形和正方形两种样式，除了可以披在肩头外，还可以作为头巾使用。至于腰带，俄罗斯人认为它不仅能保暖，还能保佑平安，因此腰带是象征太阳光的圆环状。

俄罗斯人待客的最高礼节是在面包上撒一点盐献给客人。当重要和尊贵的客人到达时，俄罗斯人会把面包放在刺绣毛巾上，用器皿装一些盐，由身着民族盛装的姑娘双手捧着献给客人，客人撕下一块面包，蘸着盐吃。这代表着主人为客人请求上帝的庇护，给予他美好和平的祝愿。在俄罗斯，面包是每餐都不可或缺的基本主食，代表着最受人尊敬；而食盐代表着友情的长久。

俄罗斯人的姓名很长，全称一般由名、父名和姓组成。如著名作家马克西姆·高尔基的原名是：阿列克赛·马克西姆维奇·彼什科夫。

澳大利亚

澳大利亚人是澳大利亚联邦居民的总称，包括英裔澳大利亚人和澳大利亚原住民等。

近年来一种十分受欢迎的运动玩具"飞去来器"（回旋镖）就源自澳大利亚。飞去来器有"V"字形、香蕉形、钟形、三叶形等多种造型，其中"V"字形和香蕉形的飞去来器本来是澳大利亚土著人的传统狩猎工具。在狩猎时，猎手向猎物投出飞去来器后，飞去来器如果没有击中目标，会神奇地返回猎手手中。

地处南半球的澳大利亚与地处北半球的中国季节相反。在澳大利亚，人们喜欢朝北的房子，因为朝北的房子冬暖夏凉。

澳大利亚人非常注重隐私，在澳大利亚见到可爱的宝宝可不要随意拍照哦！因为澳大利亚法律规定：未经父母允许，擅自给未满14岁的儿童拍照是违法的。另外，澳大利亚人认为兔子是不吉利的动物，遇见兔子意味着厄运降临，聊天时最好避开这个话题。

毛里求斯

毛里求斯共和国是非洲东部的一个岛国。毛里求斯各岛上没有土著人，其居民都是从外面迁来的。拥有不同宗教、文化、语言和习俗的人们经过长期融合，形成了现在多元、和谐的毛里求斯。

塞卡（Sega）是毛里求斯一种独有的民间音乐和舞蹈的统称。塞卡音乐源自非洲黑奴，形成于法国殖民统治期间，歌词通常描述当年黑奴在岛上的艰苦生活，现在发展成当地最受欢迎的娱乐项目和吸引游客的表演之一；表演用的乐器大同小异，包括用山羊皮做鼓膜的拉瓦纳手鼓、马拉瓦纳木沙盒、三角铁等；多由男性表演者负责乐器演奏，女性表演者负责舞蹈表演，舞蹈以脚步滑移、臀部摇摆为特点，舞姿奔放，节奏粗犷。

在毛里求斯与当地人打交道，谈话时要避免用黑（Black）和黑人（Negro）等字眼，这会被非洲人视为非常不礼貌。因为Negro虽然是黑人的意思，但是特指原籍非洲被贩卖到美国做奴隶的黑人及其子孙，所以这是他们的大忌。

中国

中国人大多有着黑眼睛、黑头发、黄皮肤，但由于中国幅员辽阔、民族众多，中国各地居民有着不同的相貌特征、饮食习惯、礼仪文化和节日习俗。

身为中国人，请你填一填，画一画，看看你对我们国家的习俗有多少了解。

我们的饮食

我们的节日

我们的礼仪

你知道吗？中国是一个多民族的大家庭，新中国成立后，经中央人民政府调查统计，正式确认的民族共有56个，其他的为未识别民族。每个民族都有各自的传统食品、风俗礼仪和衣着服饰。

请你问问爸爸妈妈，你是哪个民族的，并介绍一下自己民族的特色。

自我成长屋

　　我们共同生活在地球上，无论黄皮肤、白皮肤或黑皮肤，无论黑头发、黄头发或红头发，也无论是哪个民族，大家都是平等的，都有一个共同的名字——"地球公民"。我们拥有着美丽的生命，享受着灿烂的阳光，可是，有的时候出现了下面的现象。请你判断一下，这样做，对吗？在正确的做法后面画上"√"，错误的做法后画上"×"，并和同学说一说为什么。

　　升入二年级，刚开学，小明的班级里就来了一位皮肤黑黑的同学，名叫娜娜，这是一位从美国来的黑人同学，小明和同学嘲笑娜娜，说娜娜是"黑煤炭"。　　〇

　　班级里有一位回族同学，名叫哲哲。有一次春游，王宁友好地把自己的猪肉火腿肠分享给哲哲，哲哲告诉王宁说回民不吃猪肉，王宁不好意思地向哲哲道歉。　　〇

　　暑假里，小刚和爸爸妈妈去内蒙古大草原旅游，好客的蒙古族人向小刚和爸爸妈妈献上了洁白的哈达、鲜美的马奶酒。小刚觉得哈达不好看，随手丢弃；觉得马奶酒不合胃口，吐了一地。　　〇

2 看看身边人

　　身边的人是谁，是送快递的叔叔，是隔壁班的同学，还是邻居小朋友或阿姨？是啊，我们身边有太多太多的人，他们长相不同，肤色不同，哈，真有趣。

　　也许你的头发又直又黑，眼睛是黑色的，而你的朋友却有着金色的头发和蓝色的眼睛；也许你的朋友戴眼镜，戴牙齿矫正器，脸上有雀斑：每个人外貌不一样，兴趣和习惯也不一样。说说你身边印象深刻的人吧，并尝试记录下他的特征。

印象深刻的人

这就是我印象深刻的＿＿＿＿＿＿＿＿＿

瞧！

他（她）的＿＿＿＿＿＿＿＿＿＿＿＿＿

＿＿＿＿＿＿＿＿＿＿＿多可爱！

他（她）的＿＿＿＿＿＿＿＿＿＿＿＿＿

＿＿＿＿＿＿＿＿＿＿＿多特别！

他（她）的＿＿＿＿＿＿＿＿＿＿＿＿＿

＿＿＿＿＿＿＿多＿＿＿＿＿＿！

心灵故事汇

"喵星人"的礼物

夜深人静，身手敏捷的"喵星人"大橘叼着手套，闪现在小街巷里。一小会儿之后，"喵星人"就出现在了张阿姨的院子里。

看着院子里的手套，张阿姨无奈地笑了，又来一只。其实，张阿姨第一次看到院子里的一堆手套时，完全没想到这会是一只猫的杰作。

大橘是三年前忽然出现在张阿姨家门口的，那时的大橘严重营养不良，瘦得就像一个干巴巴的小橘子。张阿姨怜爱之下收养了它并精心照料，几个月后大橘的体重就翻了一倍，成了毛茸茸、圆滚滚的大橘。

95

　　有一次，大橘叼了一只大老鼠来，放到张阿姨的院子里，张阿姨被吓了一跳。之后，张阿姨院子里就常常出现一只手套。慢慢地，张阿姨才发现，这原来是大橘的杰作。

　　宠物医生说，可能由于手套的材质很像老鼠的皮肤，形状也类似老鼠，猫咪为了报答户主，就把自己认为最好的东西带回来了。附近工地上的工人反映，总是有手套丢失，也常见这只猫咪在附近活动。

　　其实，阿姨照顾大橘并不需要什么礼物，但她也被大橘的行为感动到了。

　　虽然大橘把这些手套一只一只叼回来很不容易，但是手套还是物归原主为好。

张阿姨把手套洗干净后晾晒在临街的院墙上，她说：既然猫咪有这份报答的心，那她就把手套洗干净，还给附近的工人们继续使用。

满满一墙晾晒的手套，蕴藏着猫咪大橘对阿姨照护的深深谢意，这只"毛孩子"不只有感情，还懂得知恩图报。

小朋友，你觉得猫咪为什么送手套给张阿姨呢？你曾经收到过动物的礼物吗？

开心出租车

一天，我在纽约和一位朋友一起乘坐出租车。当我们下车时，我的朋友对司机说："谢谢你的服务，你车开得很好。"

出租车司机愣了一下，说："你是在讽刺我吗？"

"不，我不是想讽刺你，我很佩服你在交通拥堵状况下保持冷静的方式。""好的。"司机回应后开车离开了。

"你刚刚做的那些事儿是什么意思？"我问。

"我想把爱带回纽约。"他说，"我相信这是唯一能够拯救这个城市的东西。"

"凭一个人怎么能拯救纽约呢？"

"我说的不是那个人。我想我刚才的话会让那位司机觉得

一天都很美好。假设他今天有20个乘客，由于别人对他的友善，他也将友好地对待这20个乘客。同样，那些乘客将对他们的雇员、店长、服务员甚至家人更加友好。最终，这份友好将传播给至少1000人。这样看来结果不坏，是吧？"

"但是，你只依靠那个出租车司机去向他人传播你的友好？"

"我没有只靠他，"我的朋友说，"我知道这个系统并不简单，因此我每天可能对10个不同的人做这样的事儿。我如果能使10个人之中的3个人开心，那么最终能间接地影响2000多人的态度。"

"听起来很美好哟，"我说，"但是我不确定它在现实生活中是否能奏效。"

"如果它不管用，也不会失去什么，告诉别人他做得很棒并不会花费我多少时间，他也不会得到更多或者更少的小费。即使

是对牛弹琴，那又怎样呢？明天我又会尝试让另一个司机开心。"

"你看起来有点傻！"我说。

"你那么说只能显示你已经变得多么愤世嫉俗。我对此进行过研究。就拿邮递员来说，除了赚钱之外，没有人告诉他们，他们所做的工作对他人是多么有意义。"

"但是他们做得并不好。"

"那是因为他们觉得没有人关心他们做还是不做。为什么不能有人对他们说些友善的话呢？"

走着走着，我们路过了一个正在施工中的建筑工地，并从五个正在吃午饭的工人旁边经过。我的朋友停下脚步："你们做的是一件宏伟的工作，这工作肯定又困难又危险！"

这五个人用惊讶的目光看着我的朋友。

"什么时候完工呢？"

"六月。"一个人嘟囔道。

"这建筑真的让人过目不忘,你一定感到非常自豪!"

我们走开后,我对他说:"我从来没有见过像你一样的人。"

"当那些人回味我的话时,他们将感觉更好。一个城市或多或少会因为他们的快乐而获益。"

"但是你不能凭借一个人做这件事儿!"我说,"你只是一个人。"

"最重要的是这不会被阻止。让整个城市中的人重新友好起来,不是一件容易的工作,但是如果我能发动其他的人……"

"你刚才还向一位表情痛苦的女士眨眼来着。"我说。

"是的,我知道!"他回答说,"如果她是一位中小学老师,她的班级将会有奇妙的一天。"

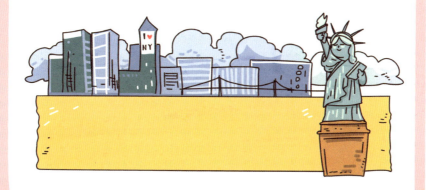

自我成长屋

我们正处于学习知识、发展能力的年龄阶段，能把握住的东西在增加，微笑是其中很有力量的一个。每个人都有把生活变好的能力，而这种能力就在我们的微笑里。

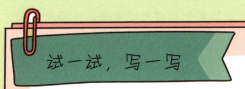

我可以尝试的微笑表达：

1.在公共汽车上，当有人挡住了正要下车的你时，你可以微笑着说：

_____

2.当别人误解你时，你可以怎样微笑着表达出自己的感受？

_____

3.当同学借用你的书本阅读后还给你时，你发现书角高高卷起。你又会怎样微笑着表达自己对友情和书本的珍惜呢？

_____

生活中我们总会看到，有的孩子想买自己心爱的玩具，可是刚开始妈妈不给买，他就开始又哭又闹，甚至说不给买就不走了；而有的孩子可能会和妈妈讲道理，比如和妈妈商量过生日的时候给自己买，或者是考试成绩好了，奖励给自己等。

为什么同样是想要买心爱的玩具，不同的孩子表现出来的方式差别如此之大呢？

|心理实验室|

　　60多年前，在美国斯坦福大学里，研究人员做了一个实验，参与实验的是一群幼儿园的小朋友。研究人员把糖果放在了他们的面前，并告诉他们："我要出去15分钟，你如果想吃糖果，就按下小按铃；你如果能够等我回来再吃糖果的话，就可以得到第二块糖果。"之后，孩子们独自待在房间里。

　　研究者发现，多数孩子坚持不到3分钟就吃掉了糖果。但是，有1/3的孩子一直控制着自己。你可以看到他们内心的挣扎过程，为了得到更多的糖果，他们使用各种办法，以下是其中一些孩子的反应。

　　A小朋友将眼睛从糖果上移开，用放声歌唱来转移注意力。

　　B小朋友看着糖果不能吃，痛苦得要掉眼泪，几次要用手去按铃，又缩回了，一次又一次，像跟自己玩，然后通过大笑来转移自己的痛苦，通过低声自语"不要，不要"来警示自己，最终成功。

　　C小朋友把椅子从桌边移开，手敲打着椅子，眼睛盯着天花板，耳朵听着敲打声，通过转移注意力的方法完成了实验。

　　D小朋友像演员一样，通过独角戏表演来消磨时间。

　　E小朋友像科学家一样，以一种专注的态度操控着小按铃，探索着小按铃有哪些玩法，有效地控制着时间。

F小朋友使用小诡计将糖果小心翼翼地掰开，用舌头轻轻地舔着奶油，然后再很有技巧地将糖果的两片轻轻合上，放回盘中，做得天衣无缝，并确认一切与原来一样。他得意地欣赏着自己的杰作，并装出无辜的样子，瞪着充满童真的大眼睛，等着门打开。

这些孩子显示出了卓越的解决问题的能力。

你觉得这个实验有趣吗？

你最欣赏他们中的哪个？为什么？

我最欣赏＿＿＿＿＿＿＿＿和＿＿＿＿＿＿＿＿，

＿＿＿＿＿＿＿＿和＿＿＿＿＿＿＿＿

因为＿＿＿＿＿＿＿＿＿＿＿＿＿＿＿＿＿＿＿＿＿＿

＿＿＿＿＿＿＿＿＿＿＿＿＿＿＿＿＿＿＿＿＿＿＿＿＿＿＿

＿＿＿＿＿＿＿＿＿＿＿＿＿＿＿＿＿＿＿＿＿＿＿＿＿＿＿

＿＿＿＿＿＿＿＿＿＿＿＿＿＿＿＿＿＿＿＿

能量补给站

研究人员通过糖果实验以及后来的追踪研究发现，这种延迟满足的能力就是一种甘愿为更有价值的长远目标而抵御诱惑、放弃即时满足的抉择取向。孩子们在等待的时间中展示出了智力与意志力方面的差异，彰显出各自的性格优势，这使他们日后拥有不同的人生目标和成就。

面对同一件事情，不同的人会有不同的表现。这是因为每个人的性格特质不同。

性格是在先天的大脑神经生理基础上，在后天的生活环境中逐渐形成并稳定的。性格表现了一个人的品德和对世界的看法，良好的性格还影响着我们自身能力的发展方向。

比如：开朗热情的人，容易与他人友好相处；有主见的人更能吸引他人的关注，也让自己在享受友情中更好地认识自己，愉快地与人合作；在快乐情绪中的人更容易发挥出自己的聪明才智。

性格是人与人相互区别的主要方面。即使几个孩子出生在同一个家庭中，父母也会发现他们之间的性格差异。

小朋友在家或在学校，因环境不同、角色不同会表现出不一样的性格。这是因为在儿童期，大脑神经生理发展正处于完善时期、接受社会学习的时期，这使得小朋友的性格具有可塑性。小朋友在认识自己的基础上，可以向着自己更渴望的方向塑造自己的性格。

生活中我们会发现，有的小朋友对待学习一丝不苟；对待朋友热情、诚挚；对待别人交给的事情，积极认真负责。你喜欢这样的朋友吗？

自我成长屋

阅读了性格实验，你如果发现自己的控制能力不够理想，没有关系，马上按照渴望达到的方向，与爸爸妈妈或老师一起制订一个成长计划；也不妨到"小毛病"诊所里看一看。

"小毛病"诊所

如：我不满意自己写作业拖拉，常常超过预计的时间，又不愿意家长在旁边总是催促，怎么办呢？

我想到了调整方法。

1.写作业时，按学习内容的难易程度和作业量的多少，先预估出大致的作业时间量，并预留出10～20分钟的时间余量。做到心中有数，安心地按计划完成。让自己做事有计划，会更自信。

2.写作业最好固定一个时间段和写作业的地点。

3.房间里不摆放玩具、游戏机等与写作业无关的物品，避免因诱惑的直接刺激而分心。

你如果想不出来更有效的对策，可以试着与家长、老师讨论一下，然后补充在下面。

4.

5.

你无论是有大大的梦想还是棒棒的长远目标，为了实现目标，成为理想的"我"，现在应该怎么做才能让20年后的"我"如期而至呢？

写下你的想法

10年后的"我"会对现在的我说：

4 性格与气质

生活中，不同性格的人往往有不同的兴趣，即使兴趣相同，关注的角度也可能不同。

何生生在学校里有个"历史小博士"的雅号。去爷爷家时，他最喜欢听已经是大学生的堂哥讲故事，和他一起讨论某个历史人物。何生生曾想，堂哥这么博学，能介绍给同学们认识该有多好。

刚好品德课上，老师鼓励同学们结成兴趣小组，讨论课题，了解社会、历史等新的知识领域。何生生毛遂自荐，邀请已经是师范大学文学院学生的堂哥做自己及四个小伙伴组成的"历史兴趣小组"的指导老师。

时光穿梭机

我记得看《三国演义》时，周瑜因为输给了诸葛亮，活活给气死了。堂哥说这是因为周瑜的气质和性格特点中消极的方面起了主导作用。我发现，历史故事中也有心理知识！

有一句话说：以古为镜，可以知兴替；以人为镜，可以明得失。历史中的事件和人物的经历蕴藏着很多哲理和智慧，能够给我们很好的借鉴。另外，不同气质类型的人往往会有不同的行为，我们学习历史，可以从多个角度去看。

那什么是气质呢？
它和性格有什么关系呢？

准确地说，气质属于心理学中性格特征的基础部分。它就像是性格的地基，不同的地基能够承载的建筑特性不同。就像你们虽然都喜欢上了历史，但是关注的角度各不相同一样。

🌀 |能量补给站|

气质是人的典型、稳定的心理特性，由遗传基因决定。

古代的气质学说用体液来解释气质的类型，将之分为多血质、胆汁质、黏液质、抑郁质。虽然这种学说缺乏科学依据，但人们在日常生活中能见到这四种气质的典型代表。四种气质类型的名称曾被许多学者采纳，并沿用至今。

性格是人个性心理特征之一，一般指人对现实的态度和行为方式中比较稳定的、具有核心意义的个性心理特征。它是人与环境的相互作用，具有可塑性，在生活过程中逐渐形成与发展。性格是神经类型特征和生活环境影响的"合金"。由于这种"合金"中的成分组合不同，人对外界影响的态度和行为各不相同。

气质主要是先天的，而性格更多地受社会生活等后天条件的制约。气质可塑性极小，变化极慢；性格可塑性较大，环境对性格的塑造作用较为明显。

高级神经活动类型与气质类型

高级神经活动类型			气质类型
强型	不平衡型		胆汁质
	平衡型	灵活性高	多血质
		灵活性低	黏液质
弱型（抑制型）			抑郁质

一个人的气质主要表现为人的情绪和行为活动中的动力特征(即强度、速度等)，没有好坏之分；而性格是指行为的内容，表现为是否喜欢与他人交往，是否关注周围的环境。性格在社会评价方面有好坏之分。

不同气质类型的人都会有积极和消极两方面的表现，每种气质类型有什么特点呢？让我们一起来看看中国"四大名著"中典型人物的气质类型吧。

武松

《水浒传》中的武松，他的特点是活泼好动，富于生气，情绪发生快而多变，思维、言语及动作敏捷，乐观，亲切，浮躁，轻率。他的气质类型是典型的多血质。

《三国演义》中的张飞，他的特点是精力充沛，情绪发生快而强，言语、动作急速，难于自制，内心外露，率直，热情，易怒，急躁，果断，他的气质类型是典型的胆汁质。

张飞

林黛玉

《红楼梦》中的林黛玉，她的特点是柔弱易倦，情绪发生慢而强，多愁善感而富于自我体验，言语、动作细微，胆小，孤僻。她的气质类型是典型的抑郁质。

《西游记》中的唐僧，他的特点是沉着冷静，情绪发生慢而弱，思维、言语及动作迟缓，内心少外露，坚忍，执拗，淡漠。他的气质类型是典型的黏液质。

唐僧

|自我成长屋|

　　在心理学上，乐观是一种内源性的品质。乐观不是别人给予你的，而是你自己的真实感受。人生态度不同，决定了人生幸福的体验感不一样。

　　这里有一个关于乐观的故事。在公园的小道上，一个穷苦的妇女带着一个五岁的男孩儿在散步。他们走到一架快照摄像机旁，孩子拉着妈妈的手说："妈妈，让我照一张相吧。"妈妈弯下腰，把孩子额前的头发拢在一旁，她看看孩子破旧的衣服，很慈祥地说："孩子，还是不要照了，你的衣服太旧了。"孩子沉默了片刻，抬起头来说："可是，我会一直面带微笑的。"

　　在日常生活中，我们将以何种姿态站在生活的摄像机前呢？是以微笑、积极乐观的态度，还是愁眉苦脸、消极抱怨的态度呢？

　　或许你还有其他见解，可以记录在这里。

_____

_____

_____

_____

_____

_____

5 温馨的家庭氛围也有我的努力

　　每个人都具有不同于他人的个性，正像世界上找不到完全一模一样的两片树叶，你就是你！在这个世界上，你是独一无二的。

　　从遗传学上来说，你有23对染色体，其中23条来自父亲，23条来自母亲，每一条染色体里有数以万计的遗传基因。每一个基因都能改变你的整个生命状态。你父母染色体的组合，形成了目前你的这个模样和特质。人类基因的组合模式可以有很多种，多到像天上的星星，多到比地球上的总人数还多。也就是说，纵使你有许许多多的亲兄弟姐妹，他们只是在遗传基因上同你有更多的相似之处，但不会和你一样。你仍然只是你。

奇妙新视界

一个人的性格除了受遗传的影响外，还受所出生的家庭环境、所接受的学校教育、所参加的社会实践及所接触到的人的影响。这些千变万化的环境条件，形成了各具特色的性格。有研究说，针对总体人格而言，遗传作用约占40%，后天环境约占60%。

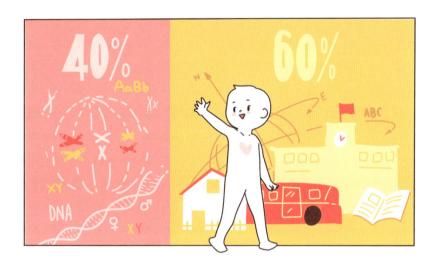

国外有一个相关的研究，一位心理专家曾对一对同卵双胞胎大学生进行了为期4年的观察，这对姐妹外貌相似，遗传因素基本相同。她们不仅在一个家庭中成长，并且从小到大都在同一所小学、中学和大学中受教育，在性格上却完全不同。

生活中，姐姐比妹妹好交际，办事果断、勇敢，主动与人交流；在与人交流或回答问题时，总是姐姐先回答，妹妹表示赞同或做补充。

　　心理专家带着好奇心，从这对姐妹的父母那儿了解到，在她们小时候"谁是姐姐，谁是妹妹"是由祖母决定，又征得他们父母的同意，在她们两个人中认定的。

　　从童年起，长辈就要求姐姐照顾妹妹，做妹妹的榜样，带头执行长辈交给的任务。久而久之，姐姐从小就形成了独立的性格，喜欢交往，处事果断。长辈交给她们做的事，妹妹害怕困难，偷懒不做；姐姐遇到困难，咬牙也要坚持完成。日久天长，妹妹养成追随姐姐、愿意顺从、偷懒、依赖和遇到困难躲着走的习惯。

　　你看，这姐妹俩在遗传素质、家庭环境和受教育条件上基本相同，只是因为出生排序或家庭长者人为指定排序，就出现了这种性格差异。

能量补给站

　　家庭是每个人成长的摇篮，父母是我们的第一任教师。当父母的做法与你自身的需要不一致时，你该怎么办？

　　由于生活与成长的环境不同，两代人在思想和行为上有一定的距离，这是很自然、很正常的。如果把这称为代沟的话，这并不是一道不可跨越的深沟，关键是需要两代人之间多多沟通。话不说不明，理不辩不清，两代人如果经常坦诚地讨论问题，就能够求大同而存小异。

　　我们来看看心理帮助信箱中的一些信件往来。

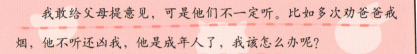

我敢给父母提意见，可是他们不一定听。比如多次劝爸爸戒烟，他不听还凶我，他是成年人了，我该怎么办呢？

来信

回信

想帮助爸爸戒烟的孩子，你好！

读了你的求助信，我非常感动！为了爸爸的健康，你多次劝说爸爸，但爸爸不听你的劝阻，还用一些你不愿意听到的言辞来凶巴巴地回应你。这说明爸爸在戒烟这件事情上也很无助，一时不知如何面对连自己的孩子都知道于己于人都不利的吸烟成瘾行为。

你只要提出的意见是对的，就要坚持，还要有耐心。烟瘾不是一天形成的，戒烟需要决心和毅力。劝爸爸戒烟是为了他和全家人的健康，你要不断地做工作：晓之以理，向爸爸介绍一些戒烟知识和克服烟瘾的方法；还要动之以情，当爸爸因工作劳累或情绪不快而犯烟瘾时，家人要理解，并尽可能与之一起做点健身、娱乐或愉悦的家务活动，尽量从事全家人能够一起参与的积极而愉悦的事情。你要将心比心地感受爸爸也想戒掉烟瘾，而不是指责爸爸作为大人就应该知错就改。如同你学习进步时渴望爸爸给予你肯定的心情一样，爸爸也需要肯定。对父亲小小的进步，如减少了每天抽烟的根数，你要给予积极肯定和鼓励。时间长了，你的劝说必然会起作用。

父母对我不怎么信任，甚至冤枉过我，我感到很委屈，说了又没用，我该怎么办才好？

来信

回信

　　亲爱的小同学，从字里行间我能感受到你非常懂事，渴望得到父母的信任，甚至为此还受了不少委屈。

　　在现代社会，人们的性格差异，文化、价值观理念的不同，使人与人之间建立信任关系并不容易。每个人都需要自我调整、学习，才能跟上时代的步伐。父母虽然是成年人了，也需要在与人交往中相互尊重，需要在与下一代的交往中体会和学习尊重的力量大于威严，进而消除误会。

　　你要相信知识的力量，可以把自己阅读到的好的沟通故事，推荐给父母阅读。之后，你可以找时间和他们一起谈谈阅读的感受；也可以把阅读后的心里话写出来，找机会让父母读到。我知道这对于一个小学生来说不是一件容易的事情。你要相信真情的力量、事实的力量，要有耐心。父母终会了解你的心意的。

我必须承认，我妈妈虽然在家庭具体事情上确实付出了许多，但有时挺专制，在家里什么都要听她的。她不爱听我说话，有时事实证明我是对的，妈妈仍然固执地坚持己见。怎么能改变她呢？

来信

回信

这是家庭民主氛围的问题，说明你长大了，渴望良好的家庭氛围。这要靠你们去宣传、争取家长，学校也会帮助家长们学习一些新的观念和知识。你希望家庭生活愉快，怎么办？那你要在家里做快乐天使，不惹父母生气；你不断进步，家长就会高兴。

自我成长屋

个性的形成受多种因素的影响，其中个人的主观努力起着重要的作用。青少年时期是个性发展的重要时期，一个人的特点、爱好和才能往往在这个时期表现出来，因此，你要注意不断地调整、修正自己的个性，培养自己独立思考、开拓进取精神和创造能力，培养发展自己的特点和爱好，让自己的个性之花绚丽多彩。

怎么做才能养成良好的性格呢？

性格的好与不好不是绝对的。哪种性格最好，并没有严谨的结论，也可以说，古今中外没有一个人是完人。人的性格就是形形色色，因此性格也被叫作个性，就是这个意思。每个人性格中都有积极方面和消极方面，培养性格就是发扬和巩固积极方面，克服和排除消极方面。

国外有些心理学家分类归纳出12种不同的性格特征，主要表现在情绪的稳定性和性格的倾向性方面。

1.是否忧郁、容易悲伤？

2.情绪是否容易变化、不稳定？

3.自卑感的强弱？

4.是否容易担心或容易烦躁？

5.是否容易空想或因过度敏感而不能入睡？

6.是否信任别人，与社会协调？

7.是否不倾听别人的意见而自行其是？是否爱发脾气、有攻击性？

8.是否开朗、动作敏捷？

9.是慢性子还是急性子？

10.是否喜欢沉思和反省？

11.是否能当群众领袖？

12.是否善于交际？

以上12种性格，按照是否或强弱，可以有正反向共24种性格的倾向性。请你按照对自己的了解，挑选出较符合自己现状的性格倾向，思考自己期待的改变。

第四章

多彩生命

近些年有一个词叫作"地球公民"，它被越来越多的青少年所认可。人们认为今天的世界日益成为一个你中有我、我中有你的"命运共同体"。每个人都与他人共处在一个世界中，共同生存，共同生活，一起为生计而努力，彼此沟通、交流，这就形成了我们的社会。可以说，社会影响着每个人的发展，每个人也影响着社会的发展。

1 生命的价值

生命是什么？它可以是在石缝下萌发的种子，可以是路边的小草或高山上的青松，也可以是水中的蜉蝣或翱翔在天空的雄鹰。无论大小，无论生长在什么环境中，每一个生命都有着属于自己的独特意义，也可以去展现自己独特的价值……

乐乐的妈妈看着窗外生机勃勃的花木，默默地感叹着：儿子乐乐这个假期之后，就要奔赴大学这个"象牙塔"了，他也像这些花草树木一样，从一个稚嫩的幼芽成长为可以经受风雨挑战、向世界展现自己风采的大树了。手里儿子的成长手册，唤起了她一段多年前的记忆。

乐乐刚刚上小学不久，妈妈见他有一些不太健康的用眼习惯，常常躺着看书，或在厕所弱光下看书。于是她和乐乐商量，能不能在闲暇时光，除了看书做些别的有趣的事情，这样可以让眼睛稍稍休息一下，也为自己的生活增添一些学习以外的乐趣。商量过后，他们决定买几条小金鱼。妈妈买来大大的圆形鱼缸，与乐乐一起选购了两条漂亮的小金鱼。乐乐非常喜欢这两个小伙伴。

每天放学回家，乐乐放下书包后的第一件事就是看那条自己最喜欢的小红鱼了，它仿佛穿着薄如轻纱的红裙子，在水中自由自在地游来游去，好漂亮！

完成家庭作业后，乐乐会喂自己的小鱼，看着它们在水里自由自在地游动，似乎自己一天的疲劳都被带走了。

一个多月后，小黑鱼的尾部居然长出两条金色线条，乐乐为它起名"黑金刚"。漂亮的小红鱼因身上有几处花斑点而得名"斑仙"。

黑金 gāng

bān 仙

乐乐把观鱼的快乐写成作文，老师还让乐乐念给班上的同学听呢。尽管乐乐有的字不会写，用拼音代替，他的作文仍然赢得了同学们鼓励的掌声，大家都说听了乐乐的作文，很想亲眼看看两条小金鱼。乐乐有点不好意思，但心里美滋滋的。

天气渐渐凉了，一天中午，妈妈发现鱼缸里的两条小金鱼肚子朝上漂在鱼缸里。小金鱼死了，妈妈只好把死去的鱼装在一个塑料袋里扔掉了。

放学了，乐乐蹦蹦跳跳回到家，却发现鱼缸里空了。他问妈妈："'斑仙''黑金刚'哪去了？"妈妈说："我中午下班回来发现小金鱼肚子朝上不游动了，它们死了。"

"之后呢？"乐乐问。面对乐乐的追问，妈妈低声地说："我怕你看到可爱的鱼死了伤心，就把它们装在塑料袋里扔到垃圾桶里了。"

乐乐继续问："它们之后会到哪里呢？"

妈妈迟疑了一下，决定带着乐乐一起下楼找找看。于是，他们一起去垃圾桶里翻找装有死去小金鱼的塑料袋。

很幸运，袋子被他们找到了。

妈妈把装着死去小金鱼的塑料袋挑开，乐乐凝视着自己心爱的小金鱼，不舍得离开。

过了好一会儿，乐乐问："如果小金鱼被运到城市外的垃圾站，我是不是就再也看不到它们了？我想把它们埋在这里。"

"埋到哪里呢？"妈妈问。

"埋到那边大树下吧！"乐乐做了决定。

妈妈便和乐乐一起用小铲子在楼下树丛中挖了一个小坑，把塑料袋中的小金鱼放入坑中。乐乐用小铲子慢慢地拍打着坑上面的土，像是自言自语，又像是在问妈妈："会不会有猫或者其他的动物来这里挖土呀？"他再次一铲一铲地拍实上面的泥土。

妈妈耐心地陪着乐乐做完一整个的仪式，她问乐乐："你现在心里好过一点了吗？"乐乐做了一个深呼吸，说："好多了！"

"你还想为小金鱼做点什么呢？"

乐乐想了想，说："我想小金鱼时找不到这里，怎么办？"

妈妈问："你想怎么办呢？"

乐乐在周边树木丛中转了转，发现了一个扁形雪糕棍儿，就把这根棍直立插在埋小金鱼的泥土上，蹲在旁边说："小金鱼，我做了标记，我如果想你们了，可以来这边看你们"。他又和小金鱼说了会话，才和妈妈离开了。

时光穿梭机

2020年的夏天，雪绒花中小学生心理热线的铃声响起。

小学6年级的女生悦悦打来热线电话，诉说了自己的心事：把自己照护长大的姥爷远在老家不幸患病，医治无效而去世；因新冠疫情防控，家人无法回老家祭拜，这让家人很无奈，内心都非常悲痛。

悦悦每天与父母一起看新闻，了解到新冠肺炎病毒在全世界伤害了那么多的人。被感染或不幸死亡的人数，多到难以想象。这个肉眼看不到的敌人，来势汹汹。看到新闻中感染者戴着呼吸机痛苦挣扎，悦悦在无奈中生出对新冠肺炎病毒的恐惧。学校不能正常开学，悦悦每天只能在家上网课、看书，她很怀念与同学有说有笑、一起打乒乓球的日子。

　　在无奈中，悦悦也生出对新冠肺炎病毒的憎恶。看到新闻中医护工作者和社区志愿者酷暑下穿着防护服忙碌的身影，自己却什么也做不了，自责令她情绪低落，她渐渐地对眼前的生活生出厌倦。爸爸妈妈几次因悦悦听网课时走神、不认真复习和写作业而批评她，这让悦悦更加难过，甚至和爸爸妈妈发生了争吵。

　　在多次沟通不畅的情况下，妈妈和悦悦商量，让她和心理热线的老师聊一聊，看是否能够帮助到她。

　　在电话中，悦悦和老师探讨了很多。原来，悦悦并不是想要放弃学习，而是感觉面对新冠肺炎病毒这样的人类强敌，自己作为一个小学生太无力了，什么都做不了。悦悦多么希望此刻自己就是一名医术高超的医生，能够和众多医护人员一起站在一线与病毒作战。

> 生活就是这样，有的时候，某一个场景、某一个人物、某一个瞬间，可能会唤醒我们内心的渴望和期待！

　　在热线咨询的最后，悦悦对热线老师说："我与其每天生活在对疫情的恐慌和迷茫中，不如静心努力学习，将来到大学去学医。这样我以后可以做医生，去救治有需要的病人；或者做一个病毒研究人员，把对人类有这么大伤害的疫情控制住！"

热线老师被悦悦深深地感动着，此刻爱的种子在悦悦的内心萌发，从悲伤、愤怒的情绪中升华，激励着她不断地去学习、探索。人若找对了自己的方向，就会勇往直前。

　　　　让我们衷心祝福悦悦吧！尽管人生路上无坦途，但我们相信她一定会因为自己 2020 年夏天的这个选择而活得精彩。

能量补给站

生命来之不易，从出生到死亡是生命的必然历程。这个历程就是生活。每一个生命来到这个世界，既是自我生命的灿烂展现，又是和其他生命互动的过程。

在这里，有一些小小的问题，请你来思考。

你设想过自己的一生要怎么生活吗？

在生活中，你有对自己周围的某一个人或者书上、新闻中看到的某一个人感到羡慕或者钦佩吗？他们从事什么职业、做了什么事情让你感到羡慕或者钦佩呢？

生命的丰盈在于每一个人自己的赋予，想一想，你要让自己的生命成为什么样子呢？

2 不同的职业

人的一生是一段漫长的旅程，在心理学中被称为"生涯"。每个人都是自己生涯之船的船长，决定着生涯之船究竟要驶向什么方向。

在2022年北京冬奥会期间，有一位美丽的小姑娘一直牵动着每一个中国人的心，无数人在网络上写下对她的喜爱、敬佩之语，她就是曾7个月夺得7枚金牌的天才滑雪少女谷爱凌。通过新闻媒体对她的各种采访报道，人们了解到，她出生在美国，从9岁开始学习滑雪，并立志为中国出战2022年北京冬奥会。2019年，16岁的她斩获为中国而战的首金。2022年，她代表中国自由式滑雪战队出战北京冬奥会，并在北京冬奥会上夺金。

你知道她是怎样做到的吗？

你的梦想是什么？希望自己未来从事什么职业呢？

时光穿梭机

学校举办"小学生职业体验",所有同学根据各自的兴趣爱好被分成不同的组,在老师的带领下到不同的岗位上进行一日体验。

有的同学在学校里体验不同岗位的工作。

有的同学和带队老师来到动物收容站。

博物馆讲解员的工作让许多同学很感兴趣。

农业科学研究所的培育基地是一些同学此次活动的目的地。

　　岗位体验后，每一位同学都有很多收获和感触。原来，大人们每天说的"工作"包含了如此多差别巨大的细节。比如，老师的工作需要站立的时间较多，为了让同学们认真听讲老师也要绞尽脑汁把课程讲得津津有味；动物收容站的工作人员不仅要有爱心、细心，最好还要懂一点动物心理；无论做什么工作都要注意时间上的规划。

 |自我成长屋|

　　每个行业、每个岗位都有自己的特殊性，人们的时间安排、学习内容、工作方式各不相同。

　　你身边的亲人都是从事什么职业的呢？请你做一个小调查，看看自己可以向他们学习些什么，也让自己有一个更清晰的目标。

小活动

　　了解不同的职业，可以通过访谈父母或者查阅资料完成。

　　采访人物：＿＿＿＿＿＿＿

　　从事的职业：＿＿＿＿＿＿＿

　　该职业的主要工作是：＿＿＿＿＿＿＿＿＿＿＿

＿＿＿＿＿＿＿＿＿＿＿＿＿＿＿＿＿＿＿＿＿

＿＿＿＿＿＿＿＿＿＿＿＿＿＿＿＿＿＿＿＿＿

　　从事该职业需要学习：＿＿＿＿＿＿＿

　　从事该职业后每天的时间分配：＿＿＿＿＿＿＿

＿＿＿＿＿＿＿＿＿＿＿＿＿＿＿＿＿＿＿＿＿

＿＿＿＿＿＿＿＿＿＿＿

　　这个职业为"我"带来了什么：

＿＿＿＿＿＿＿＿＿＿＿＿＿＿＿＿＿＿＿＿＿

3 属于我的多彩未来

小朋友，你见过大树被锯过后留下的老根吗？

仔细看你会发现，老根上面有许多同心圆一样的纹理，它叫作年轮，代表着树木的年龄。树木每经过一年的风霜雨雪，就要留下一圈向外扩展的生长痕迹。无论老树、大树和小树都有自己的年轮。

人的生命也如同树的年轮，会留下岁月的痕迹。如身体外形的姿态与行走的步态、皮肤的颜色与褶皱、毛发的稀疏与颜色变化，都与人的生理机能的变化甚至衰退有关联，是人的生命发展的"年轮"。

还有一些变化是我们在外部不能一眼看到的，需要观察、体会以及积累相关心理知识。如人的心理发展，在儿童期发展非常迅速，随着年龄的增长，到青年期会相对稳定。伴随年龄的增长、住址的变迁、学校生活的变化、家庭成员的增减、社会环境包括世界环境的变化、职业的选择，人的心理特征会发生变化。

人的生活如同大树林一样多元而丰富。当人有意识地发展自己时，每个人的生命会彰显出更加灿烂的光芒，每个人更温暖、更平和地生活，这就是幸福的源泉！

时光穿梭机

　　周末，妈妈在家看喜欢的电视节目《地理·中国》，还不时地在本子上做着笔记。儿子不解地问："妈妈你都40多岁了，怎么也像我们小学生玩游戏一样，每期都看，没有看成还要补上。上瘾了吧？"

　　"什么是上瘾？"

　　"就像您这样，着迷了，忘记其他事情，甚至可以不吃饭，非要看完了。"

　　"我们算是战友吗？如果我知道自己为什么这样做，还与你理解的上瘾一样的话。"

　　儿子大笑起来，并说："好，战友请讲，我洗耳恭听。"

　　"在我上小学时，老家大村子才有学校。每天我要绕过山梁，穿过林地，往返好几里地去上学。为此，只有结伴而行，才不寂寞和害怕。低头走路只看自己的旧鞋子多没有趣味。我与伙伴们对着大山比试着放声大喊：'我去上学了！''大山，我回来了！'我和小伙伴还会对着水流尽情地比着唱歌，快乐极了！半个多小时的山路玩着就到了。"

　　儿子羡慕地说，"哇！好自由，好快乐啊！"

　　妈妈继续说："是的，满山跑着，一路欣赏着，内心自由着，心情愉悦着，还计划着未来跑遍中国呢，当时姐弟中我最费鞋了。后来我到镇上上中学，住校了，因为路远，一两个月才回一次家。除了想爸妈做的饭菜，就是想家乡的山水，一年四季的变化。高考后填报大学志愿时，我都想报地理系，渴望游走中华大地山川。

儿子迫不及待地插话：您不是学建筑工程的吗？

妈妈说："我喜欢自然地理。但当年老师提醒说，学习地理只能当老师，而高考又不考地理，下面的学校也就不重视地理学科，将来找工作都不容易。科技兴国是颠扑不破的真理！在老师的建议下我报考了理工科专业。毕业后，在自己的努力下，在国家城市建设的洪流中，我被裹挟到工程师的队伍里，哈哈，这才有了你这位城市新人口的下一代。

"我看到书柜里除了有工程设计专业的书籍外，还有不少不同版本的中国地图、世界地图，多种地理杂志等。周末您还辛苦跑路，到中国科学院去听《中国国家地理》的公益讲座，难道您还想……"

"那时专业上的学习，只是一味地强记，枯燥乏味地背诵。学校图书室带风景照片的书，都被我翻烂了！哪像现在，有这样丰富的电视节目，可以了解外面的世界，了解自己的兴趣。"

"我能感受到您对旅游的热爱，您带着我走过中国那么多地方，甚至10多个国家。这两年因为疫情我们较少外出了，您是不是心里"痒痒的"？

妈妈与儿子一起开怀大笑。

|自我成长屋|

这里为你准备了"年轮树"活动，由你担当小主持人，邀请家人一起体验成长的历程。目的是让全家人有机会一起探索和分享生命带给我们的"宝藏"（生活中从他人或自己的经历中学习到的有用的东西）。你第一次做这样的活动，未免有点小紧张。下面是供你参考的活动方案与步骤。大胆试一试吧，加油！

我与家人的"年轮树"

步骤一：活动准备

按参与家庭活动的人数，准备印着"我的年轮图"的画纸及彩笔。

步骤二：小主持人向家人发出活动邀请并介绍活动规则

邀请家庭成员，有40～50分钟左右的时间围坐在一起，有家人一起画画和分享的地方，如空饭桌边。

小主持人发言，向大家说明这个活动不是美术课，而是尝试一种特殊的家庭成员交流方式。请大家在画纸旁边的空白处用各自喜欢颜色的画笔和线条，随心所欲地画出自己喜欢的树木模样，完成自己的"生命树"创作。每个人无论画出来的是什么形态或颜色的大树，没有对错、好坏之分。

每个成员画完自己的"生命树"后，首先欣赏一下自己的作品，然后为自己的作品起一个贴切的名称。如"不老松""阳光下的小树""风雨过后的大树"。

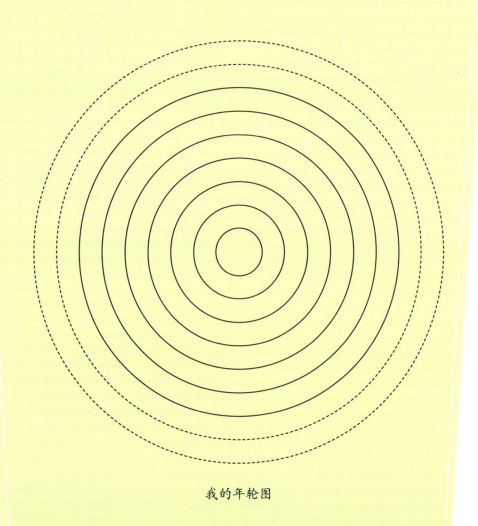

我的年轮图

步骤三：家人相互分享自己的"生命树"画及其名称

不限定发言顺序，成员自发地把自己的"生命树"画举起展示给其他成员观看，并告知大家画作的名称。其他成员如果对其作品表达之意有不明白的地方，可以向作者询问，与他交流。不指责，不评价谁比谁怎样，但可以讲出自己欣赏他人"生命树"的感受。

步骤四：年轮图的创作与分享

小主持人发言，向大家说明年轮图的圆圈从内到外代表我们成长的年龄段，小朋友的年轮图每一圈代表增长1岁或2岁，年长者的年轮图每一圈代表增长5岁。请大家按照自己生活里发生的重要事件时的年龄，在年轮图相应时间圈层的某一个位置标记一个点位，从那一个点引出一条线到年轮图外，并用简洁的文字给那件事情起个名字，标注在引出线上。你如果愿意，还可以为自己的年轮图的每一圈涂上自己认为合适的颜色。

完成之后，请面对自己的年轮图，思考自己的过往人生经历，有哪2～3件事对自己今天的生活带来影响或让自己改变比较大，经历这些事件当时和现在的真实感受。并在大家都完成之后相互分享、交流。

作为小主持人的你可以思考：在幼儿园、小学里的哪个阶段发生了令自己难忘的事情，此刻的你想起那件事的心情怎样，然后创作属于自己的年轮图。

下面是两个年轮图范例。

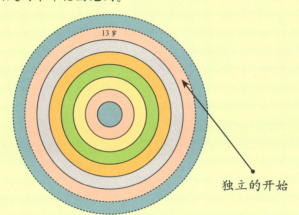

独立的开始

感受：13岁上中学时，我开始住校，第一次离家的感受是既兴奋又担心，现在想起来，这件事对于锻炼自己的独立生活能力和独立思考问题都有很大帮助。

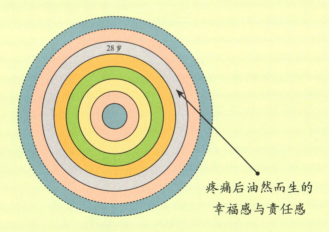

疼痛后油然而生的
幸福感与责任感

感受：在28岁成为母亲、抱起孩子的那一刻，我人生第一次真切地感受到幸福感与责任感共同升起的感觉。

步骤五：家庭成员表达彼此的爱心寄语

小主持人发言，请大家用"我想对家庭其他'树木'说……"的方式，彼此谈谈参与"年轮树"家庭活动的感受及对家庭其他成员的新的发现和了解。注意，想对哪位"家庭树"寄语，就手捧自己的"年轮树"，身体朝向那个人和他的"年轮树"。

小主持人的记录

请你记录自己主持的"年轮树"活动。

时间：＿＿＿＿＿＿＿地点：＿＿＿＿＿＿＿

家人1＿＿＿＿＿＿＿的感受：＿＿＿＿＿＿＿

家人2＿＿＿＿＿＿＿的感受：＿＿＿＿＿＿＿

家人3＿＿＿＿＿＿＿的感受：＿＿＿＿＿＿＿

做家庭交流小主持人的感受：＿＿＿＿＿＿＿

经过主持这次"年轮树"活动，相信你一定有不少收获。

你的成功经验，增强自信的地方是：＿＿＿＿＿＿

＿＿＿＿＿＿＿＿＿＿＿＿

主持人工作中，一些可以调整的地方是：＿＿＿＿

＿＿＿＿＿＿＿＿＿＿＿＿

　　如果有机会，你想尝试和其他人，如班级里的少先队小队成员或一个学习小组里的同学一起做"同龄伙伴的年轮分享"活动吗？

　　你能设计出一份活动策划书提供给老师吗？策划书里包含很多东西，如：活动目的、活动准备、活动步骤、活动之后的小结。你还想到什么？

　　动动手指设计一下，也许你会有意外的惊喜。

　　祝你成功！

人类文明的进步，不仅体现在先进的物质发明，更体现在精神文明，体现在与大自然的和谐发展，对大自然的真正敬畏！

几个世纪人类发展的历史不断证明，仅有科学技术带来的物质上的成就并不一定会给人类带来幸福。如果没有心灵的进步，由于人类的贪婪、仇恨，物质上的成就会加剧人类的危机——贪婪的索取破坏了自然界。人类只有更了解心灵，才能知道什么是自己真正的需要，才能知道如何减少贪婪、仇恨和不明智的行为。更为重要的是，人的生命是有限的，我们无法增加生命的长度，却会因了解自身而更积极地开发自身的潜能，体验到更多的人生快乐，这等于增加了生命的宽度。

无论你未来的目标是什么，未来的愿景是怎样，请不要忘记关注自己，关注身边的人、事、自然，并尝试与之更好地共处。